U0160162

# 和财富做朋友

## 看清财富的底层逻辑

佘荣荣 著

*Making Friends*
*With Wealth*

中国经济出版社
CHINA ECONOMIC PUBLISHING HOUSE

·北京·

图书在版编目（CIP）数据

和财富做朋友：看清财富的底层逻辑 / 佘荣荣著
. -- 北京：中国经济出版社，2024.1
ISBN 978 - 7 - 5136 - 7643 - 4

Ⅰ. ①和… Ⅱ. ①佘… Ⅲ. ①财务管理 - 通俗读物
Ⅳ. ① TS976.15-49

中国国家版本馆 CIP 数据核字（2024）第 006205 号

策划编辑　崔姜薇
责任编辑　黄傲寒
责任印制　马小宾
封面设计　任燕飞装帧设计工作室

出版发行　中国经济出版社
印 刷 者　北京富泰印刷有限责任公司
经 销 者　各地新华书店
开　　本　880mm×1230mm　1/32
印　　张　6.25
字　　数　112 千字
版　　次　2024 年 1 月第 1 版
印　　次　2024 年 1 月第 1 次
定　　价　59.00 元
广告经营许可证　京西工商广字第 8179 号

中国经济出版社　网址 www.economyph.com　社址 北京市东城区安定门外大街 58 号　邮编 100011
本版图书如存在印装质量问题，请与本社销售中心联系调换（联系电话：010-57512564）

生命就是一场寻找与找到的游戏

你寻找什么，就一定能找到什么

# 推荐序

很高兴为佘荣荣的《和财富做朋友》一书写这篇序言。我从事心理学工作超过 45 年，见证了很多简单的心理工具帮助人们克服挑战和过上更好生活的案例。

例如，我的最新作品《心智模式改变的力量》，展示了心态上的重要转变如何改变个人对当下体验与未来发展的看法。《和财富做朋友》是一个很好的例子，说明了改变对财富的心态可为你的生活带来积极变化。

我是神经语言编程（NLP）和成功因素建模（SFM）的开发人员，致力于开发工具以增强人们在生活各个领域的能力，如健康、人际关系、职业、教育等。许多人从小认为拥有财富与培养目标感、服务感、贡献感是矛盾的，然而，不具备健康的财富观，存在如贫困、贪婪、暴力、匮乏等情况，才是导致各种问题的原因。

从这个角度来看，健康的财富观与发展智慧、服务意识、更高的目标并不冲突。相反，它是一些简单原则的应用和生活在感激状态下的产物。事实上，创造健康的财富就类似将"天堂"带到了地球上。

从 NLP 的角度来看，贫困往往是局限的心态和匮乏的内部模式导致的，这使我们无法看到并利用眼前的机会。当一个人拥有匮乏的世界观时，即使身处巨大的财富和资源中，他也会感到贫穷。《和财富做朋友》为读者提供了一些原则和实用技巧，以创造一条通往健康繁荣的个人道路，并丰富个人的内心世界。佘荣荣认为，成长心态是改变我们与财富关系的关键，她分享了"由内而外"实现更多繁荣和富足的要义。她提供了许多实用的建议，帮助读者改变自己与世界、财富的关系。

她的方法的核心是建立智慧和财富的关联。她介绍了一些提升智慧的方法，并依据心理学改变生活的经验，解决了一些关键问题，如目标设定、寻找好的榜样、处于逆境以及解决困难时的感受和情绪。她还强调了激情和决心的重要性，鼓励读者发现自己喜欢做的事情，然后找到一种能带来商业回报的服务方式。

决心与专注是本书所涵盖的其他成功因素。佘荣荣认为成功与能力关系不大，而与精神力量更有关。她提出了增强精神力量的建议：①问自己一些与目标和梦想有关的好问题，这些问题可以集中你的思想；②日常实践；③放大幸福感。她还强调了发展个人品牌的重要性，这是这个时代实现可持续成功的主要因素。

《和财富做朋友》将是许多人转变心态、将个人和职业生活提升到一个新水平的宝贵资源。

罗伯特·迪尔茨

2023 年 12 月

# Preface for Making Friends with Wealth

It is a pleasure to write this preface for She Rongrong's book *Making Friends with Wealth*. I have been involved in the field of psychology for more than 45 years and have witnessed the power that simple psychological tools can have in helping people overcome challenges and live better lives.

My latest book *The Power of Mindset Change*, for example, shows how making key changes in your mindset can significantly alter your experience of the present and your perspective of the future. *Making Friends with Wealth* is a great example of how shifting your mindset with respect to wealth and abundance can make positive changes in your life.

As a developer of Neuro Linguistic Programming (NLP) and Success Factor Modeling (SFM), I have devoted a large part of my work to creating tools that help to empower people in all areas of their lives – health, relationships, career, education, etc. Many people have a difficult relationship with wealth and have been brought up to believe that having prosperity and wealth is at odds with developing a sense of purpose, service and contribution. Yet, in many ways, it is the lack of healthy prosperity—in the form of poverty, greed, violence, scarcity, etc—that is responsible for many of the darkest shadows that threaten our world today.

Considered from this perspective, healthy wealth and prosperity is not in conflict with developing wisdom and having a sense of a service and higher purpose. Rather, it is a product of the application of some simple principles and living from a state of generosity and gratitude. Creating healthy prosperity, in fact, is like bringing a certain amount of heaven onto earth.

From the NLP perspective, poverty is frequently a result of acting from a limiting mindset and an impoverished internal model of the world. This makes us fail to see and take advantage of opportunities that may be right before our eyes. When a person has an impoverished model of the world, he or she will feel impoverished even amid great wealth and resources. *Making Friends with Wealth* provides readers with principles and practical tips to create a personal path to healthy prosperity, and to enrich their maps of the world. Asserting that a growth mindset is the key to transforming our relationship with wealth, She Rongrong shares keys to achieving more prosperity and abundance "from the inside out". She offers many practical tips that will help readers to transform their relationship with themselves, the world and with wealth.

Fundamental to her approach is the connection between wisdom and wealth. She begins by presenting a number of ways to improve wisdom. Drawing on her own experience of how psychology transformed her life, She addresses key issues such as goal setting, finding good role models, handling adversity and dealing with difficult feelings and emotions. She also emphasizes the importance of passion and determination, encouraging readers to discover what they love to do and then find a way to offer it in service in a way that brings commercial returns.

Determination and focus are other success factors covered in the book. Claiming that *success is not related to ability, but rather to mental strength,* She Rongrong offers tips for increasing mental strength such as: ① asking yourself good questions related to your goals and dreams that can focus your thoughts; ② establishing daily practices; ③ magnifying happiness. She also emphasizes the importance of developing your personal brand as a major factor in attaining sustainable success.

I am sure that *Making Friends with Wealth* will be a valuable resource for many people to shift their mindset and take their personal and professional lives to a new level.

Robert Dilts

# 自 序

我是佘荣荣，大学毕业只身一人来到北京，因为不断自我成长，跟随全球名师不断学习心理学和营销课程，并且学以致用，用 10 年时间实现了财富自由，活出了自己梦想的样子。

想起心理学和营销带给我人生的巨大改变，我也希望自己能给普通人的生命带去更多的可能性和落地的方法。凭借自己对心理学的热爱和对于商业的独到见解，2021 年，我从实业转型做教育，独创了"心理学创富系统"，旨在教普通人做咨询，教咨询师做营销，借由心理学和营销课程，帮助每一位普通人通过内修思维、外修营销，活出富足喜悦、更好、更贵、更值钱的人生。

过去 3 年，我已经帮助 1 万多名学员掌握了许多心理学、营销的技能和心法，帮助他们用在日常生活和工作中，从而过得更好、更贵、更值钱。其中，也有很多人因此走上了咨询师及个人品牌之路，不但疗愈了自己，还成了一名助人者，过得更轻松快乐的同时，他们也获得了更多财富，甚至有很多人，实现了收入数倍增长。

如今，我把我过去所用的基础理论和方法，写成了这本书，希望借由这本书，传递给你普通人实现财富自由的基础逻辑。更多的方法和细节，在我的课程中有非常详尽的讲解和练习。

每个人都是一朵浪花，可以活出整片海洋的无限可能性。

只是在成长的过程中，你不小心被装进了瓶子，你便以为你的人生的可能性只有瓶子这么大。

如果有一门课，可以给你方法，帮助你打破限制、重回海洋，那么你的人生，便可以活出一片海洋的无限可能性。

但愿我，会是那个人，带给你启发，带给你力量，带给你新的可能性，带给你更美好的人生。

# 目 录
## CONTENTS

## 第一章

## 领袖之道篇

### 如何获得领导力

# 第二章 心力心法篇

## 如何让自己拥有智慧和财富

# 第三章 成长精进篇

## 如何成为某个领域的高手

# 第四章

## 个人品牌篇

### 如何让你的个人品牌越来越值钱

第
五
章

## 成事之道篇

### 如何通过策略与科学方法成事

# 第六章

## 心理学创富篇

### 如何快速提高自己的赚钱能力

# 第一章
## 领袖之道篇

如何获得领导力

领袖就是点亮他人的梦想和创造力的人，

如同迷雾中的引路人，

如同黑暗中的点灯人，

星星之火，可以燎原。

# 领袖格局

作为创业领袖，必须懂得以下四点：

一是成大事的人，必须有大格局，你的格局就是你事业的天花板。

二是心胸宽广，不要钻牛角尖。

三是把精力放在提升自己，而不是改变别人上，自己对自己的行为负责。

四是要么懂得识别贵人，要么成为别人的贵人。

## 有大格局

创业导师、领袖有了格局，才能打开思路，才能吸引人才、裂变团队，成就丰功伟业。

## 心胸宽广

坚信一点：凡事，如果没有得到你想要的，就会得到更好的。有了这样的心态，你做事才不会陷入执念，方能持续精进，开疆拓土。

## 自我负责

我承认这件事因我而起，只要我愿意对自己百分之百负责，事情就一定可以改变。

## 贵人之道

人终其一生都在比识别贵人和成为贵人的能力。

前半生，比你有本事成为谁的心腹。后半生，比你有本事让谁成为你的心腹。

持续做正确的事情，就会得到三倍奖赏；持续用心地做事情，就能启动高能的人。

创业导师也好，团队领袖也罢，都要积累、修炼自己的心法，让自己变得更有智慧。

有了心法和智慧之后，你会发现你的思路更开阔了，能量更强大了，更能吸引优秀的人。

很多朋友和我学习后，心生感激，说自己变得更有智慧了，知道如何更好地处理与家人、团队伙伴的关系，吸引了很多人才追随，获得了很大的回报。

那些很牛的领袖之所以能聚人，就是因为他们拥有强大的心法，走长期主义路线，持续做正确的事，打造了强大的人生"护城河"，获得巨大成功便成了顺理成章的事。

# 领袖心力

现在很多企业领袖取得一定成就之后，并不开心，内耗很大，其根源在于心力不足。

领袖能否成事，成事能否持久，与领袖的心力有关。

因此，领袖在做事之余，一定要多修炼心力心法。

我认识很多企业家，事业做得很大很成功，但身心并不健康，家庭也不幸福和睦。和我交流之后，他们打开了心门，开始注重修炼心力，身心变得更健康，事业做得更大。最重要的是，他们的家庭也变得更和睦幸福，夫妻关系不断改善，孩子也更加聪明懂事了。

心力对一个人的事业尤其重要。

你的事业能做多大，与心力有关。

心若乌云密布，世界就黯淡无光，做事也就阻碍重重。

心若阳光明媚，世界就灿烂多彩，做事也就一顺百顺。

当你的心力提升后，你的世界会发生改变，你做事、创富会变得更顺，取得的成就也会更大。

当然，在提升领袖心力之余，要同时关注自己的感受，多做让自己快乐的事情。

因为，快乐是心力的燃料，是行动的原动力。

一个人行动与否，根源在于，他是快乐的还是痛苦的。

所以，多做一些能让你快乐又能助力事业、赋能社会的事，这样的事顺道而行，能做大做强，还能造福于民、获得福报，非常值得做。

# 领袖愿力

普通人和高手最大的区别是什么？

## 愿力，愿力大于业力

那些有大成就的人，通常都有很大的愿力。

他的梦想一定载着别人更好的人生。

去做那些能够点亮他人的事情。

因为普通人等着被点亮，高手点亮他人。

## 愿力下，面对困难的态度

如果遇见困难，你只看见困难，困难就会越来越多；

如果遇见困难，你能看见资源，资源就会越来越多。

生命是一场寻找和找到的游戏，你寻找什么，就一定会找到什么！

你要相信，宇宙不会出错，所有存在都有其目的，并有助于你。

## 愿力下，迈出第一步的速度

创业中，最难迈出去的是第一步。明确梦想和方向，不管不顾勇敢地开始，你可能会活成原来不敢想象的样子；犹犹豫豫不敢开始，3 年后，你还是今天这个样子。

有些人到今天还担心在朋友圈发产品会被人屏蔽，这一步我在 11 年前就迈过了，所以我提前了 11 年。

成事是从能迈出的第一步开始，然后踏踏实实走好每一步。

因为看得见的口碑背后，是看不见的日复一日的精进。

## 愿力下，保持充分的热情和清晰的目标

热情激发驱动力，热情影响学习力，热情能够使人保持高频，热情能够鼓舞他人。

目标清晰，显化；目标模糊，融化。

领袖作为团队领导者，在掌控自己的生命之余，要学会带领团队伙伴寻找他们生命中的愿力和梦想，清晰他们的短期目标和长期目标，点亮他们生命中的那盏灯。

# 领袖成事

天下资源虽不为我所有，但都可为我所用。

牛人之所以牛，是因为他知道如何借力，与人合作，用好天下资源，达成自己的目标，实现自己的梦想。

持续做正确的事情，就会得到三倍奖赏。

持续用心地做正确的事情，就能启动高能的人。

设立伟大的梦想和清晰的目标，拆解目标一步一步完成。

所以，如果你有了目标和梦想，不用担心资源不够用，而是先做好规划，拆解目标，看你的目标如何一步步达成。在此基础上倒推，看你还需要哪些资源，需要链接到哪些人物，方能达成目标。

为什么很多人知道了这个道理，但依然无法高效成事、无法实现自己的梦想？

很大可能是，他们把目标、梦想看得太大、想得太难，这可能会增加心理负担，降低行动力，让他们迟迟不肯迈出第一步。

很多时候，这一步也许只是看似不起眼的一小步，却是关键一步。没有这关键一步，后面的目标和梦想可能一辈子都在头脑中"睡大觉"。

因此，先迈出这一步再说。

具体怎么做？

你要把大目标拆解成一个个小目标，一个个达成，你就离大目标越来越近了。

# 领导力的核心

领导力的核心是什么？

数字时代，你想拥有领导力，需要满足新时代领导力的核心要求。

在创业时，级别、权力、权威未必好使，你想成为团队领袖，还得具备一些最新的核心要素。

## 专业度

你要在所属行业比专家更专业。

能用你的专业度指导团队伙伴，征服团队伙伴。这样才能服众，收服人心。有了人心，你才能更好、更持久地领导团队。赚人心比赚钱重要 100 倍。

对于口服心不服的伙伴，你很难领导，也很难激发他们的积极性和潜能。

## 个人魅力

你很专业，但是你性格古怪，不容易相处，让人敬而远之。这样的领袖也不容易聚人、聚力。

为什么？很简单，团队伙伴都不愿意跟你相处，不愿意与你沟通交流，有想法、有灵感也不和你说，你是不是损失很大？

我就遇到过很多这样的人，他们是某些领域的专家，但是性格古怪，甚至人品不好，导致很多团队伙伴都不愿意与他们多相处、多沟通，有好的想法也不想告诉他们。

可见，修炼个人魅力是新时代创富领袖的重要素养。

## 沟通能力

领袖必须具备较强的沟通能力。

我认识一些朋友，他们在某些方面很专业，却不是一个好的领袖。问题出在哪儿？

他们不擅长沟通，或者沟通能力较弱，无法了解团队伙伴的想法和潜能，无法知人善任，也无法凝心聚力、激发团队斗志。

所以，若想做一名优秀的领袖，要持续提升沟通能力。

# 如何提升沟通能力

领袖需要较强的沟通能力。那么，如何提升沟通能力呢？

## 了解对方

了解对方是沟通的基础。很多时候，我们之所以沟通不畅，是因为没有了解彼此。

如何了解对方？

注重倾听，了解对方的想法，理解对方的立场和需求。倾听后，重复对方的部分语言，会让对方感受到你的认真倾听。

## 清晰明确表达

和对方沟通时，你要表达到位，用词清晰，突出核心，使用具体、易懂的话，更容易让对方听懂要点。

表达完，为了确认对方领会了，可以再确认一下，问对方是否听明白了，最好请对方复述一遍。

## 巧用非语言沟通

沟通效果大约 55% 取决于肢体语言、38% 取决于语音语调、7% 取决于文字，巧用非语言沟通，可以增强沟通效果。

同时，你还可以通过观察对方的这些细节，来更好地理解对方。详细方法在我们课程中有清晰的讲解和练习。

## 保持礼貌和尊重

沟通时，要注意方式方法，保持基本的礼貌和尊重。

否则，即使你的本意是好的，是为对方着想，想帮助对方提升，但因为你的表达不当，让对方很抵触，不愿意接受你的好意，那你的沟通效果将大打折扣。

## 善用文字沟通

沟通不仅限于口头沟通，也包括文字沟通，后者有其独特的优势。

你可以给对方写信、写邮件，把事情说清楚，把你的诉求表达清楚。

你还可以借助社交工具，比如微信，把自己要表达的意思以文字的形式，按照三行一空行，阅读起来更舒服的格式，发给对方，如果是文字表达，切忌不换行地长篇大论，如果对方读起来一目了然，感受到被尊重，沟通起来更高效。

具体来说，你可以把要跟对方沟通的内容，先对着自己的微信小号，用语音说出，再把语音转为文字。转完文字之后，简单调整一下，做一下分段，三行一段，空一行，修正错别字，调整一下顺序，适当地加几个表情。

如果你发的文字简洁、有条理、一目了然，就会提升你们的沟通效率，改善沟通效果。

## 倾听

沟通的高手都是倾听的高手，因为每个人都更关注自己，如果你保持专注且认真地倾听，通常会给对方留下很好的印象。在职场中，如果开会时，你坐在前排，拿一个笔记本，用心倾听并认真、工整地记录领导说的话，升职的概率都会大很多。

# 领袖必备的技能

创业创富时，要想做好团队领袖，不能完全学习传统的领导方式，得与时俱进，掌握新时代的领袖技能。

## 技能一：销售力

好的领袖需要具备销售力，知道如何销售产品，也能把销售技能传授给团队伙伴。

此外，领袖还要会销售梦想、销售情怀，这是一种更高级的销售力，对做成大事更重要。

很多大企业家，能做成大事，都离不开销售梦想、情怀，吸引人才跟着他干。

## 技能二：演讲力

演讲能增加你的影响力。想成为领袖，肯定得会演讲。

许多知名的企业家，具备的一项核心技能就是，能站在台上演讲，通过演讲传播他的梦想，进而宣传企业、产品，扩大影响力。

即使不是站在台上演讲，做直播带货也离不开演讲。你得有感染力，才能吸引观众，促使他们购买。

还有一种更厉害的演讲，就是销讲，即借助演讲来销售梦想、项目、产品。这也是领袖最该学会的一项技能。

增加演讲吸引力的一个重要方法，就是情绪饱满，在适合自己的风格里，尽量带着饱满的情绪演讲，因为情绪本来就有一种感染力。

增加演讲吸引力的另一个重要方法，就是减少理论，增加故事，不要用未知的语言解释未知的事情，要用熟悉的语言讲陌生的事情。

## 技能三：写作力

领袖要会写作。为什么？

因为写作是一种表达方式，可以借助一篇文章让更多人知道你的思想、观点，进而促使他们为你的梦想、产品买单。

写书是一种更高级的写作力的体现。它可以让你把你的某些主题、某些思想写成一系列具有逻辑性、条理性、系统性的文章，通过一本书传递给更多人。

书能影响到更多人，还能打造个人品牌和专业度，为信任背书。

在个人品牌同质化严重、竞争激烈的今天，写书是别人不可复制的品牌力。

## 技能四：故事力

讲故事的能力是一种通用的能力，很多场合都需要，比如销售、演讲、写作。

团队领袖必须会讲故事。

故事讲得好，能够事半功倍，裂变团队，倍增业绩。

团队领袖至少要有 3 个故事：你的蜕变故事、触动你升起使命感的故事、你和团队的故事。

## 技能五：心理学

心理学是个好东西，创富需要懂心理学，销售需要懂心理学，做领袖也需要懂心理学。

懂了心理学，你才会更懂人性，更了解人心，也才更知道团队伙伴的想法，更容易与他们沟通交流，也更容易领导他们、激励他们，激发他们的创富力。

正是因为心理学有着如此大的作用，所以我创办了心理学创富系统，想借助心理学来帮助大家更好地成事和创富。

# 如何高效组建团队

很多学员会有这种困扰：想创业创富，想做社群，但是没钱请全职的团队，怎么办？

你可以转换思维，学着用数字化思维，在线组建你的团队。具体如何做？分为以下几步。

## 找到同行者

当你开始组建数字化社群时，你要用心去观察，寻找符合你要求的人。

哪些人符合条件？可以参考以下几个要点。

热爱学习，时间比较灵活；

参与度高并有了一定的收获；

认同你，愿意跟随你长期走下去。

筛选团队伙伴时，重点参考这几条，能帮你省去不少时间，后面的效果也会比较好。

## 做好人员分工

有了合适人选之后，要做好角色分工。把合适的人安排到合适的岗位，高手都懂得用人之长。

以项目运作的方式组建团队、做好人员分工，在效率、成本方面更具有优势。

一件事只有一个总负责人，他会特别负责。

如果一件事有多个负责人，等于没有负责人。

## 做好日常管理

日常管理的基础是沟通，发力在架构，核心是制度。

由于每个人的时间、精力有限，你进行日常管理时，只要管理好你的几个核心团队伙伴即可，让他们负责领导、管理其他伙伴，既省力又高效。

不要用人情管理，要用制度来管理。清晰的组织架构和明确的公司制度，能够帮助你在管理上省时、省力、省心。

## 成长激励

如何让你的团队更有战斗力、凝聚力？

### （1）让团队看到意义

你要让团队伙伴看到希望，看到跟随你做事的价值、意义。

所以，我经常说，团队领袖要会讲故事、讲梦想、讲未来。

有人说这些有点虚。其实不然，人性使然，讲故事、讲梦想、讲未来是吸引团队、激励团队持续进步的重要技能。

### （2）让团队不断成长

团队伙伴跟着你要能持续成长，他们才会觉得做事更有动力。

此外，团队不断成长，对提升团队的工作效率和业绩也很有帮助。

### （3）持续激励团队

好的领袖要善于激励团队，善用PK机制激发成员的潜力。

团队伙伴遇到困境时，我会与他们沟通，梳理他们的困惑，激励他们克服困难，快速走出困境。

持续的激励，才能让你的团队变得更强大、更有战斗力。

### （4）钱给够，爱给足

让团队赚钱也很重要。钱给够，爱给足。

员工跟着你，除了成长，还有一个重要目标，就是赚钱。比如，我们除了给员工发工资，还给优秀员工父母发养老金。

永远记住，钱越分越多，爱越给越有。

放大格局，让团队赚钱，真的很重要。

# 数字时代的领导力

数字时代与以往的时代存在很大不同，对领导力也提出了新要求。所以你需要掌握数字时代的领导力。

## 技能一：善用新工具

数字时代，新工具层出不穷。

君子性非异也，善假于物也。用好新工具，你将事半功倍。

当然，不要被新工具牵着鼻子走，而是要善用新工具，让它为你的工作、事业、创富、生活服务。

比如，很多人用微信、抖音来聊天、娱乐，而你却用微信、抖音来引流获客，来联系团队，来和客户沟通。你获得的收益自然更大。

你可以把新工具用于工作、沟通、销售……

现在的 AI，写文案写得比我还好，你知道吗？有没有去使用呢？

## 技能二：学习力

任何时代都需要学习力，但是数字时代对学习力的要求更高。

这是因为，在数字时代，直播、人工智能等新技术、新事物层出不穷，你如果不提升学习力、与时俱进、高效学习，就会发现自己赶不上时代的变化、发展，很容易被时代淘汰、被同行赶超。

## 技能三：共情力

好的领袖必须具备共情力，也叫作换位思考。

很多创富领袖、管理者为什么不得人心？因为他们的共情力较弱。

共情力需要你具备一定的同理心，擅长换位思考。

有共情力的领袖、管理者，能知人冷暖、赢得人心、稳定军心。这是团队稳定、壮大的重要因素。

其实，线上线下都需要领袖借助共情力来调动大家的积极性，有效推进项目开展。具体方法我们课程中有详细讲解。

## 技能四：直播销讲力

数字时代，直播能力几乎成了创业者的标配。

直播时，如果想吸引观众、促进他们购买，或者用线上会议感召、激励团队高效行动，还得学会直播销讲。

拥有较强的直播销讲力，你的直播会更有感染力、吸引力，直播带货也更容易出业绩，激励团队行动的效果也会更好。

# 佘荣荣金句

## 一

接受既成事实，是走出灾难的第一步。

## 二

严于律己，你会成长很快；宽以待人，你会深入人心。

## 三

站得高是为了看见更多人，而不是为了让更多人看见你。

## 四

生命的意义在于，有多少人的生命，因为你的存在，变得更有意义。

## 五

如果你眼里只有钱，人就会走；如果你眼里只有人，人就会帮你赚钱。

## 六

你评判什么，什么就伤害你。你欣赏什么，什么就滋养你。

## 七

自信，就是不断地做，做到，你会越来越自信。

## 八

允许别人和你的认知不一样，允许自己向有成果的人学
习，都是一种大智慧。

## 九

价值变现取决于你能为多少人创造价值。

## 十

凡事发生，皆为成就。要么助我，要么渡我。

# 第二章

## 心力心法篇

### 如何让自己拥有智慧和财富

学以致用，因为真正让你醍醐灌顶的，不是高人的话，而是你的经历和践行。高人的话，只是点燃财富导火线的那根火柴罢了。

# 如何提升智慧

提升智慧的途径是什么?

## 上课或上当

不上课,就上当。

所以,你花钱听课、学习,投资大脑,升级认知,提升智慧,其实是性价比最高的投资。

花钱买别人的智慧,会让你少上当,少走很多弯路,让你少赔钱,多赚钱,相当划算。

## 多读书

行万里路,读万卷书。

书是高人经验和智慧的总结。读书,能让你快速接触智慧,提升你的认知水平。

多读好书。好书中充满了人生智慧。

多读经典的书。经典的书中充满了古往今来为人处世、成功做事的大智慧。

多读创富的书。如果你想创业创富，就得多读一些企业家传记、创富书籍，从中寻求创富的经验、方法、智慧，这会帮你少走不少弯路。

## 跟对高人

高人积累了大量人生经验和智慧，与高人对话，你将受益匪浅，迅速收获大量人生智慧、创富智慧。

除了与高人对话，还有几种途径可以帮你快速获得智慧。

### （1）拜访高人

这些年我养成了拜访高人的习惯，尤其是不同领域的高人。

你会发现高人具备不一样的思维方式。这能帮你提升自己的格局，提升你的智慧。

### （2）与高人一起工作

与高人一起工作，与高人线上线下朝夕相处，你能最直观地加深对高人的认知、理解，也能吸收高人的智慧。

### （3）拜高人为师

以高人为师，高人会将自己的经验、方法、智慧大量传授给你。

我身边很多学员，跟着我学习之后，短时间由内而外发生了巨大变化。他们说我的智慧帮他们快速成长，打通了"任督二脉"，让他们一年顶十年。

# 高情商的真相

如何提高情商？

向上链接，把话说少，求简而精。

向下链接，增加耐心，求稳而细。

别人说话，只要没伤害你和家人，一般不需要反驳。克制反驳欲，学会赞美和闭嘴，就能体现你的高情商。

所谓情商高，不仅指会说话，更指能成事且能共赢。

你再会说话，如果没有把事做成、做好，依然不算情商高。

所以，你以后进行社交，与人打交道，混江湖混圈子，首要目标是，要能成事，要能共赢。

那该怎么做呢？

## 要有明确的目标

我现在做事、社交之前，会先设定自己的目标，带着目标去做事、社交，才能不被他人牵着鼻子走，才会用最短的时间高效成事。

否则，就是无效社交。无效社交的本质就是花了时间却对你的目标、梦想起不了什么作用。

## 找到关键人物

找到对事情起决定性作用的关键人物是尽快成事的关键。

很多时候，你之所以难以成事，是因为你没找对关键人物，或者找到关键人物之后没有成功地把自己销售给他，导致你的事情没有顺利进行。在我的课程中，有详细的方法教会你如何链接高人、借力高人。

## 善用情绪

善用情绪是高情商的重要表现，也是成事的重要一环。

很多时候，我们之所以会把事情弄糟，就是情绪惹的祸。

然而，掌控情绪不是说不要发脾气，而是要随机应变，根据需要调整情绪。

比如，有些场合需要你会说话才能"搞定"关键人物，但有些场合反而需要你适当发点火，展示一下你的个性和不好欺负的一面，才能给那些关键人物留下深刻的印象。

当然，这需要你掌握好分寸，该发火时要发火，该收敛时就得及时刹住车，避免把事情弄砸。

# 逆境最适合修行

身处逆境，是最好的修行时机。

然而，逆境中的人大多数无力摆脱困境，需要外力帮助自己。

所以，接纳逆境，向上生长，尊重生命的成长周期。疗愈和创造，只要有一个在路上，都是了不起的，是值得肯定的。

我记得，18 年前，父亲去世，那是我人生遭遇的第一个巨大的逆境。那时候，我增加了很多独处的时间，修炼自己，多读好书，写作，选修大学心理学课程，冥想，自我疗愈，思考人生和未来的方向。

适当时，我也会与比我优秀的朋友和老师交流，在和他们沟通的时候，我会觉得自己的思路变得更开阔了，之前紧闭的心门会渐渐打开，受限和忧郁的感觉会减轻很多。

身处逆境，有负面情绪了怎么办？

不要急着消灭负面情绪，它本来就是你本身的一部分。

对每一种负面情绪说："欢迎你的到来，你的到来一定有一份正面的意义，我接纳你，我们可以一起探索。"

渐渐地，负面情绪会平复，你会发现，你已逐渐可以掌控负面情绪了，你的修为更加深厚，你的内心更加强大，你的能力也更强了。

接纳逆境，温柔地对待它。逆境不会击垮你，反而让你变得更加强大。

现在，我也会把我曾经在逆境中修行所积累的经验、方法、智慧教授给我的学员、员工。因为人人都会遇见逆境，身处逆境时也需要有朋友、导师指点，从而尽快走出逆境。

很多学员在我的赋能下，很快走出了逆境，无论是身体还是心理方面，都变得更健康、更强大。

人人都会遇见逆境，利用好逆境，并把逆境转化为对你、对他人有利的一面，这是人生的智慧。

如果你身处黑暗，请你试着相信光。

如果身边人身处黑暗，请你帮他看见光。

这也是我创建心理学创富系统的初心。

**正如《顺道之歌》所云：点一盏心灯，照亮你前行的路。**

**以一灯传诸灯，终至万灯皆明。**

# 用心做你喜欢的事情

当你找到热爱，此生不必再工作，因为每一天，都是享受。

所以，用心做自己喜欢的事情，学会享受生命，让人生绽放。

源于热爱，忠于使命。在变幻中寻求热爱，在时光中倾注心力，一切毫不费力。

具体怎么做？

## 去寻找让你快乐的事

你让心享受，心让你事成。

你要勇于寻找让你快乐的事，去做你喜欢的事。

享受生命的同时，顺带着获得财富和成功。

## 遵循自己的内心

如果你无法确定什么才是你最喜欢做的事情，怎么办？

找个安静的地方，静下来问问自己，你对哪些事情充满了热情？做哪些事情，哪怕不赚钱，你依然对其热情满满？如果今天是你生命最后一天，你依然不后悔，还在充满热情地做这件事？

这很可能就是你最喜欢做的事情。

## 把它变成商业

虽然做自己喜欢的事情是很开心的，但是如果这件事缺乏商业价值，不能产生回报，也未必最适合你。毕竟，你还要照顾好自己、让家人过上好日子，对吧？

比如，你喜欢旅游和拍照，但它们不一定是有商业价值的，如果你真的喜欢，就想办法把它们变成事业，能给你持续带来商业回报，对社会有价值，你就可以持续做下去。

比如，你喜欢写作，天天在朋友圈晒"鸡汤"，没有商业价值，如果你真的喜欢，就把它做成一门课程，让它产生商业价值，你就可以持续做下去。

所以你必须继续寻找你喜欢，又被社会认可，且能带来商业回报的事。

这样的事，你能做好，能持续做下去，能获得家人的认可和支持，还对社会有价值，不是一件三赢的事吗？

# 心定方能成事

金刚断万物，心能断金刚。

修心，是创业之源；问心，乃为人之道。

心定了，方能成事，成大事。

阳明心学的创始人王阳明是我非常敬佩的一位古代先贤。他在创立心学之前，其实也经历过漫长的迷茫困惑时期。这段时期，他大量读书，不断格物，拜访导师。

经历过大量磨炼之后，他才在贵州龙场突然悟道，明白原来心才是一切问题的重要源头。心定了，你的世界才会变得清净清晰，灵感才会源源不断产生，才能与自己更好地联结。心不定，你的方向不明，思维混乱，大事难成！

很多人之所以迷茫无助，或者整日东一榔头西一棒子，看上去"日理万机"，犹如一只勤劳的小蜜蜂，但就是没有太大收益，最后还弄得身心俱疲，根源就是心不定。

心不定，事业方向不定，自然会像一只无头苍蝇，总做些徒劳无功的事。

所以，要成事，先定心。

心定，则谋事掌大局；心乱，则处事无大略。

很多学员跟我说，他们在学习顺道课程之前，焦虑、痛苦、茫然，找不到方向。但是跟着我学习课程后，焦虑消失了，确立了生活和事业方向，说话做事有力量了，各种关系变好了，于是，开始去创造自己想要的未来了，这个改变，价值千万。可见，心定是多么重要！

# 心力与创富的秘密

相对而言，成事与能力关系不大，与心力关系很大。

**一个人的行为受能力的影响更小，受心力影响更大。**

心力不足，就会恐惧，做事就会畏手畏脚，止步不前。

用一些方法提升心力，能力会自动延伸出来。

提升心力的核心是什么呢？

最核心的就是多做让你快乐的事情。

你行动还是不行动，关键在于你快乐还是不快乐。

快乐是行动的原动力，是心力的燃料，能让你的心力更旺盛，能量更足。

快乐是内驱力，是马达，能驱动你的心力，推动你前行。

为什么你不想动？因为你觉得不动比动更快乐。

**想都是问题，做才是答案。**

多做让你感受到快乐的小事，选择让你感受到快乐的事业，提升心力之后，你就很愿意去做事情。

所以，你要想创富，就得提升你的心力，找到让自己开心的事，做那些让自己充满热爱、激情的事。

那么，如何快速把意念聚焦到你想要的事物上，提升心力与行动力？

## 方法 1：学会提问

多问自己好问题，好问题带来好答案，烂问题带来烂答案。比如，多问与你的目标、梦想相关的问题，多问自己有什么资源，自己能做到的最简单的一步、最重要的一步是什么？而不要问自己为什么这么倒霉、为什么生在这样的家庭？不要问这样让你越问越没有力量的问题。

## 方法 2：坚持实修

实修就是对大脑进行训练。顺道"金钱关系咨询师"课程里就有关于实修的内容，每日精进，必成大器。

## 方法 3：放大快乐

把你想做的事，以及做成事之后的回报、成就感，与快乐联系在一起。

聚焦意念，不断去想成事之后的快乐，去放大你的快乐，去想成事为你带来的好处，这会明显提升你的心力和行动力。

# 提升创富心力的四个方法

如何提升你创富方面的心力？

## 有清晰的目标，想象快乐的成事画面

调整自己的状态，清晰地知道自己未来要什么、想成为一个什么样的人，然后想象出一个成事的画面，不断刺激自己的行动。

## 建立积极的信念系统

把痛苦与你不想要的信念、行为做深度链接，把快乐与你想要的信念、行为做深度链接。

去庆祝你达成的每一个行为：无论多大或者多小的事情都值得庆祝；让快乐与行为链接起来；每做到一次就庆祝一次，时间长了，这些自动就会触发你的行为。

有学生问我："您为什么能保持每天愉快？"其实也简单，我每天上班路上都会唱歌，让身心放松，到办公室上班就会很愉快，唱歌、放松、自我觉察等都有助于建立积极的信念系统。更多有效的方法，在课程中有详细的讲解和练习。

## 注重形气

每一种情绪都会产生一个形气：表情、动作、形态。

当一个人改变形气，就会改变心力。

具体怎么做？分享几种方法。

方法一：每天对着镜子微笑5次。

方法二：练习让自己的肢体语言更加绽放。

方法三：走路的时候要像一个成功、自信的人。

方法四：固定一个动作，把它与你的某种情绪相链接，种下心锚，做这个动作就会自动调整到这个状态。

方法五：实修。要不断实践和修心。

形气是你行动的动力。

**听了不练等于零，听了就要去练习，不断践行，对你会有非常大的帮助。**

## 重视意焦

意焦，即意念的焦点。

我们看别人时都是透过了我们自己的心。

你可以把意念理解成一台照相机。

同样是拍摄一栋建筑物，建筑物四周的场景自然有好有坏。

当你聚焦的画面是好的场景，拍出来的照片就是好的；

当你聚焦的画面是不好的场景，拍出来的照片就是不好的。

心力也是如此，当你习惯聚焦好的，你就能发现好的，心力自然不一样；要懂得把你的意念聚焦在好的、想要的事物上。

如何改变意念聚焦？去提问，好问题带来好答案，烂问题带来烂答案。

多实修，实修是对大脑的刻意训练，帮助你把意念聚焦到好的事情上。

每天锻炼自己三秒钟转念的能力。

# 守护好你的渴望

我渴望变优秀，渴望成事，渴望成为一个成功的人。

我渴望成大事，让家人过上更好的生活。

我渴望功成名就，这样可以造福更多人。

正是体内这股强烈渴望驱动着我放下原有的安逸生活，不断走出舒适区，突破自己，想成事，做成一番大业。

一开始，我并没体会到"渴望"这个特质的意义和对我的帮助。我以为"渴望"是很自然的一件事，没什么特别的。

直到我读了拿破仑·希尔写的《思考致富》和朗达·拜恩的《秘密》两本全球畅销书，我才意识到，其实"渴望成大事"是一种难能可贵的品质，并不是人人都具备的。

《思考致富》中，拿破仑·希尔研究了诸多成功者之后，发现他们拥有一个共同的特征，那就是渴望成大事。

如果你体内蓄积着强烈的渴望，十分想成就一番事业，你一定要认真守护好你的渴望。

你的渴望可能会随着年龄的增长、家人的反对、社会环境的影响，渐渐消退。这是很可怕的事。

有的朋友，原本渴求成就一番事业，却在成家后，被家庭、孩子消磨了意志，放弃了原有的大梦想。

事实上，他们在其所在的领域都具备各自的天赋和优势。他们就这样放弃了上天赋予的禀赋，实在可惜！

**如何守护好自己的渴望？**

## 经常内省

你要经常追问自己的初心、人生的使命，它们会驱动你持续前行。

## 加入志同道合的圈子

人是环境影响的产物。

物以类聚，人以群分。

选择优质圈子，改变圈子是改变一个人最有效的方式。创富尤其如此。

找到志同道合的团队，加入他们，与他们一起奋斗、做事。他们能让你保持对成事的渴望。

## 找到你的导师

找到适合的导师，他会指引你不断前行，激励你勇往直前，还能为你提供源源不断的力量和方法。

# 富足人生的三条定律

要明白，你是一切的根源，也是一切的资源。

你要想人生富足，为自己、为他人带来财富，需要遵循三条定律。

## 定律一：因果定律

宇宙中每一件事都有其发生的理由。

生命中每一件事的发生，都有其特定的原因，修改原因，就可修改结果。

在我们的生活中，我们的思想是原因，而外在的环境是结果。

要改变生活的环境，必须先改变认知和想法。

因果定律告诉你，做任何事情都要遵循种子法则，你种下了什么因，就会结出什么果。

如果你想要富足，你需要让身边人感受到富足。比如，买东西时快乐地付钱，去想象对方收到钱以后的喜悦。

比如，看见真正困难的人，慷慨地帮助他。

比如，设置合理且优化的薪酬体制，让你的团队更富足。

## 定律二：吸引定律

你是一块有吸引力的磁铁。

你会很自然地吸引与你个人思想相匹配的人、事、物。所以，你要使自己的思想集中在你想要的事情上。

你的行为也会集中到你想要的事情上、你期待发生的状况上，而远离你所不希望发生的事情和状况。

吸引定律告诉你，你的念头、你的所思所想，都非常重要。据说，只要你在一个念头停留 17 秒以上，就开始把对应的人、事、物带到你的生活中。所以，你要习惯性地调整你的思想。

如果你的念头都集中在一个地方，无论是好的还是坏的，都会被你吸引而来。

## 定律三：掌控定律

一个成功的人会对自己的生活负责。

当你感觉很好，积极面对自己，你就会逐渐地感觉你可以掌控自己，即内在掌控。

你感觉不好，消极地面对自己，你就会失去掌控自己的能力，即被外在掌控。

你可以选择成为一个被内在掌控的人，或者被外在掌控的人。

　　内在掌控：你愿意为自己的生活负责，你决定你成为谁。

　　被外在掌控：你允许外在的东西控制着你，别人决定你成为谁。

　　掌控定律告诉你，成为一个内在掌控的人，命运全在自己手里。内在掌控，从掌控你的思想开始，因为你的思想决定你的感觉，而你的感觉决定你的行动，你的行动决定你的结果。

# 佘荣荣金句

## 一

把话说小，把事做大，做的总比说的多。

## 二

想办法让自己变得足够好，财富自然会来找你。

## 三

刚开始不会，是人之常情，但我们要找到迈出第一步的方法，勇敢开始。

## 四

学习和学以致用是改变命运最快的方法。

## 五

所有成就，都源于一个正向的思维。

## 六

人生就是一场心想事成、富而喜悦的旅行。

## 七

当你开始真正接纳自己的时候，也就是你提升最快的时候，也就是你人生开始顺流的时候。

## 八

善待他人，就是善待自己；善待自己，就是善待他人。

## 九

向外求即匮乏，向内求即圆满。打开宝藏的钥匙，掌握在自己手里。

## 十

物以类聚，人以群分。去找到志同道合的团队，与他们一起前进、做事，他们能让你保持对成事的渴望和奋斗的决心。

# 第三章

## 成长精进篇

如何成为某个领域的高手

普通人等着被人点亮，
高手点亮他人。
成为一名点灯人，
你迟早是高手。

# 立即去做，
# 开始比完美时机更重要

　　我和学员聊天，发现一件有趣的事：她们以前做事很喜欢等待。

　　她们遇到想做的事情，老觉得现在时机还不成熟，喜欢等待"完美时机"。现在孩子还小，家人需要自己……

　　结果，想做的事一直拖着没做，但生活仍在继续，时光就此流逝掉了。

　　我相信你身边也有很多类似的朋友，都喜欢等待。

　　结果，等着等着，心爱的人跟别人结婚了，想做的事已经没有精力和动力做了……人生就这样留下了很多遗憾。

　　事实上，压根就不存在"完美时机"这一说法。很多人就这样被"完美时机"耽误了，而他们错过的，很可能是他们很有天赋、能做出成就的事。

　　创富也是如此。你很想打造个人品牌、轻创业，但是老觉得没时间，或者时机还没到。没必要，想做就去做吧。

反正试错成本不高，而一旦做好，回报很高，还能激发你的潜能，多好！

所以，我现在遇到自己特别想做的事，只要条件允许，不等十全十美时，马上开始做，避免日后留有遗憾。我给学员的建议也是，很想做什么，就去做吧。

**在你去做之前，你可以简单权衡一下：**

"如果不去做，会不会后悔？会不会觉得人生不够完整？"

"如果去做，最大的风险是什么？最坏的结果能不能承受？"

权衡之后，如果可以承受最坏的结果，那就啥也别想，放手去做吧。毕竟人生苦短，与其后悔，不如去做！

# 走出谷底，开启创富之旅

绝大部分人都会遭遇挫折，跌落谷底。

不同的是，有的人一直待在谷底，走不出来。有的人走出了谷底，获得了成功。你想成为哪种人？

电影《八角笼中》的导演王宝强就遇到过这样的问题。王宝强执导的处女作《大闹天竺》在 2017 年的春节档上映，结果一上映就遭到疯狂吐槽，豆瓣评分 3.7，还被评为第 9 届金扫帚奖最令人失望影片，王宝强也获封第 9 届金扫帚奖最令人失望导演，这让他情绪一度十分低落。

2020 年他为了一洗耻辱，推出了《八角笼中》电影拍摄计划。然而，因为《大闹天竺》的负面影响，很多投资人不相信他能拍好电影，不投资他的电影，他落入了谷底。但王宝强是一个不服输的人，他想方设法筹集到资金，克服各种阻碍，拍出了《八角笼中》。电影上映之初，很多人并不看好，电影院给的排片也不高。但是，随着电影口碑的发酵，观众通过社交媒体口口相传，评分达到了 7.6，甚至比热门电影《消失的她》表现还要出色，最终电影口碑、票房大丰收。王宝强导演凭借此片打了个翻身仗。

我也遭遇过困境，但我咬紧牙关，想办法走了出来，逆转了人生。

人生谷底，是你人生的逆境，也是你人生的转折点。

把握好这段时光，修炼自己，设法触底反弹走出谷底，你会收获一份大礼。

# 如何提升逆商

　　成长、创富的路上，除了持续提升智商、情商，你还需要具备一种重要能力——逆商。

　　逆商，全称逆境商数，一般被译为挫折商或逆境商。它是指人们面对逆境时的反应方式，即面对挫折时摆脱困境和超越困难的能力。

　　通俗点讲，逆商就是你遇到逆境时反弹、走出困境、崛起的能力。

　　为什么逆商很重要？

　　其实也简单。你想成长，想成事，想创富，肯定会遇到困难险阻，遭受逆境打击。这时候，如果你是玻璃心，内心很脆弱，不够坚强，很容易会退缩甚至被击垮。拥有高逆商能帮你摆脱困境，甚至变得更强大。

　　所以，你会发现，许多大企业家、成功者，都具备一个共同点，那就是逆商高。说白了，就是"皮实"，内心强大。

　　面对逆境，如果选择了放弃，也就是选择了失败。想方设法让自己走出逆境，变得强大，才是成功者的选择。

如何提升逆商？

## 接纳逆境

遭遇逆境时，不要怨天尤人，避免沮丧和一蹶不振。

平复内心，感受自己真实的想法，接纳逆境。

## 找到榜样

遇到逆境时，找到一个榜样，想象他们遇到类似的逆境时，会如何对待。

这样，心态会很快变好，追随榜样的路径走出逆境。

## 找一个导师

你需要找一个导师，导师会用他的能量、经验、智慧，帮你更快走出逆境。

## 转化逆境

这也是提升逆商的重要一环。

遇到逆境，除了接纳它，还可以试着转化它，找到这个逆境带给你的礼物，让它强化你的心智，提升你的力量。

这样，逆境反而会成为一笔宝贵的财富。

# 两种思维，
# 影响你人生的走向

在我们一生中，有两种常见的思维，决定着我们人生的走向。一种是固化思维，另一种是成长思维。

固化思维就是觉得自己这辈子就这样了，不会有大的变化，就等着慢慢变老了。就是你想"躺平"了，不想再走出舒适区，不想再做大的改变，更不想努力奋斗了。

成长思维则不同，它会让你觉得你的人生在不断成长，还有很大发展、很大的想象空间。

如果是你，你会选择哪一种思维？

我选择成长思维。

因为对我而言，我的人生充满无限可能。即使我已经实现财富自由，但是我依然在不断成长精进，不断努力奋斗。

为什么？为了我的梦想，为了帮助更多需要帮助的人。

因为我深知，人生的意义，在于多少人的生命，因你变得更有意义。

成长思维会让我们不断精进，激发体内更多潜力，做成更大的事业，取得更大的成就，也能造福更多人。

如何摆脱固化思维？

## 接受新事物，拥抱新事物

培养开放心态，去拥抱新事物。

数字化时代，尤其需要你心胸开阔，敢于接受新事物，否则，就很容易被时代淘汰。而且，新时代已经不允许你用"躺平"的心态、固化思维对待工作和生活，它会逼着你改变。

与其被迫改变，不如主动求进。

## 设立更大的目标和梦想

很多人之所以不愿意持续成长精进，可能是生活比较安逸，小富即安，或者是缺乏大梦想。

你可以设立更大的目标和梦想，让目标、梦想驱动着你成长精进，不断变强，取得更大的成功。

## 把成长学习当作人生的头等大事

人受环境的影响很大。

如果你的家庭、工作环境无法激励你，你可以选择找到一个积极向上、充满正能量的学习团队，让优秀的导师和团队影响你，带动你精进、前行。

很多学员说，她们加入顺道教育之前，没有太大的动力学习、成长、创造。但是，自从加入顺道教育这个大家庭之后，整个人都变得更阳光、更积极，且更有奋斗的动力了。这是因为优秀的同学、导师感染了她们。

# 五个计划，
# 助力你成为高手

## 精简计划

高手喜欢把复杂的事情简单化。

把课讲少，把话说精。

因为时间很贵，不能浪费。

在事业上，向高手学习，把管理全部流程化，用一种通俗易懂又容易落地的方式交流，而不是无休止地开会。

## 快乐计划

快乐是一切行动的原动力，是你心力的燃料。

你的心是在帮助你，还是在压抑你？

所以，在成为一名高手之前，先快乐起来，让自己的心愉悦。

这样的你，内耗少，能量高，做事效率更高。

## 词汇计划

你长期用的 30 个词，可以构成你的人生。

如果你用心观察就会发现，很多过得不如意的人，他们有一个共同点，那就是爱说负面、消极的话。

别小瞧这些词汇，它们会变成一种有力量的东西，指引你的潜意识，影响你的思维方式和行为模式，进而影响你的人生走向。

积极的词汇，设计出积极的人生；消极的词汇，设计出消极的人生。

我曾经帮助一个学员改掉"我有一个问题"的口头禅，他的人生明显有了很大的正向的变化。所以，修改你的常用词汇，就可以改变你的人生走向。

## 提问计划

提问对人的潜意识影响很大。

好问题带来好答案，烂问题带来烂答案。

答案，会指引你的人生选择，影响你的生命方向。

因此，多向自己提一些好问题，让好答案引领你活出精彩的人生。

比如，经常问自己：

"今天我学到了什么？我可以用在什么地方？我可以做

什么？"

"如果让我用 3 分钟把重点讲出来，我会讲什么？"

每天早起问自己：

"今天有什么计划？"

"今天设定什么意图？"

"今天的赚钱目标是多少？"

"我今天想为自己的人生创造什么？"

## 学习计划

向高手学习，是成为高手最近的路。

认知到位、表达到位、给你力量、自己有成果、学员有成果的老师是稀缺资源，遇到了，很幸运，须抓牢跟紧不掉队。

# 创富时如何高效学习

## 会记录的人是学习高手

学习时，要会做记录，会学以致用。这将大大改善你的学习效果。

记录的核心有三点：

记录学习感悟，并将之产品化；

及时记录闪现的灵感；

记录接下来的计划。

学习不是为了学知识，而是为了去行动。

"接下来我要做什么"非常重要。

例如，当你学了"金钱关系咨询师"课程后，接下来，就要制订计划把 20 多个方案逐个进行练习，你会发现，你开始有了不可思议的变化。

## 将学习产品化

学习有感悟，践行有感悟，并且将其产品化。这一点，价值百万。

到处乱学等于没学。带着目的学习，效果更好。产品化是学习的好方式。

为什么要把自己的学习收获产品化？

因为产品化可以增进自己的理解和感受，同时还可以变现。

只有产品化，才能超级输出。

产品化是一种输出方式，也是打造个人品牌的方式。

将学习产品化，不一定是为了卖，但如果你做得好就会有人来买。

比如，顺道"金钱关系咨询师"课程已经产品化了，有标准流程和步骤，学完可以直接去助人，去做咨询，做个人品牌。

**每个人有不同的才华，同样的课程，每个人有自己的产品化路径。**

## 修改和仿写是文案能力快速提高的途径

看到好文案，尤其是好的营销文案，要记录下来，并且试着去修改和仿写。

一是可以提升你写文案的水平，二是可以用来变现。顺道教育有个学员 360 天手抄我的金句，后来居然成为一名很棒的导师。

修改和仿写不是抄袭，而是提升你文案能力的有效途径，是你创造自己专属文案之前的必要练习。

# 如何变得更优秀

## 重视记录和表达

重视灵感，重视记录。

重视聊天，重视写作。

重视说话的时候字斟句酌。

不要说没用的话，这会降低你的影响力。

说话说重点，你的影响力就会放大！

如果同样一个观点，你能用 10 个字把它说清楚，你的影响力就很强；如果你用 100 个字才把它说清楚，你的影响力就稀释了。

当你做到这些之后，你会发现你变得越来越有影响力，越来越成功。

## 重视激励

把激励自己的话贴在墙上。每一句话都是有能量的，都起着创造性的作用，对你的创富之路会产生积极正面的影响。

平时多积累一些能激励自己的话，多说正能量的话。

重视自我激励，你会发现，精神和面貌会发生大的改变，也会吸引更多积极向上的朋友，会变得更有创造力。

## 重视读书

书是好东西，不仅是精神食粮，还能帮你发家致富。

投资高手巴菲特的合伙人查理·芒格说过："我这辈子遇到的聪明人，没有一个不每天阅读的。没有，一个都没有。"

可见，读书对创富有多么重要！

那么，如何高效读书？以下是我曾使用的方法。

**提高学习效率的三个工具：指读、幕布、番茄钟。**

用手指着读，锻炼阅读的速度。

刚开始，用手指着读。锻炼自己的速度，指快一点，眼睛就快了。一段时间后，开始计时，比如 10 分钟读 20 页，下一次 10 分钟读 23 页。

用幕布导图记录书中的核心重点。

番茄钟学习法——计时阅读，刻意练习。

配合番茄钟，每 25 分钟做一件事情，再休息 5 分钟。每天阅读 25 分钟，就可以积累知识。如果自己读书的留存率很低，就做思维导图。只记录那些你有感触、对你有用的知识。

# 成功销讲的六大要素

要想成为创富高手，你必须学会销售演讲（简称销讲），还得熟练掌握这项重要技能。

如何做好一场销讲？好的销讲通常有以下六大要素。

## 激情

一场销讲，最关键的就是激情。

富有激情的销讲才会打动人、感染人。

无精打采、死气沉沉，很难吸引听众，基本不可能让听众为你的梦想、产品买单。

有很多成功的销讲者，之所以会吸引很多客户、投资人，不是因为他思想多先进，讲得水平有多高，很多时候是因为富有激情的状态征服了别人。

## 目标

目标是灯塔，是启明星。

目标会帮助你征服客户，会激励你坚持你的理念、主张，不达目的誓不休。

## 故事

要会讲故事。领袖也好，销讲大师也罢，都是讲故事的高手。

艰辛创业之后逆袭的故事，团队伙伴跟着你一起打拼取得成果的故事，客户被你打动帮你转介绍的故事……

通过这些故事进入听众的心灵，触及他们的灵魂，在他们的潜意识中埋下成交的种子。

## 利他

销讲必须站在听众的角度进行利他的分析，比如，你为听众讲清楚你的产品、项目的优势所在的同时，也要站在利他的角度分析得失。

利他是最快实现思想共鸣的方法。

这会让听众更快接受你的理念、产品和价格，促进成交。

## 感动

要想打动别人，先打动自己。要想感动别人，先感动自己。

销讲不能只讲理性，还得讲更多感性的内容，因为感性的内容最容易打动听众、感染听众，促使他们行动。

击中心灵，才更容易成交。

## 幽默

幽默是个万金油，很多场合都能成为加分项。

喜剧电影更容易票房大卖；幽默风趣的文章更吸引读者；幽默的演讲更容易牵引听众的心……

销讲也不例外。好的销讲，如果加入幽默的元素，会像商业脱口秀一样吸引人，让听众不再那么排斥你的推销和成交。

为什么大家喜欢看罗永浩的商业销讲？很重要的一点是，罗永浩销讲时加入了脱口秀元素，幽默风趣，很吸引人。有些人甚至因此成了他的粉丝。所以他推荐的商品，销量通常都很高。

# 佘荣荣金句

**一**

想成为高手，一定要养成每日阅读的习惯。

**二**

学习不一定让你成功，但不学习一定让你不成功。

**三**

凡人做加法，高手做减法。

**四**

每一天，做一件能够让别人微笑的好事，你会天天微笑。

**五**

你无须模仿别人，重要的是发现自我，活出自己。

**六**

你要想成为创富高手，必须学会销讲，而且还得烂熟于心。

**七**

选对课，就已经成功了一半。

## 八

去圆梦吧，从小梦开始。越圆梦，越有梦！

## 九

互联网，极大地拓展了创业空间，倍增个人影响力，要用好它。

## 十

修行之路，不管跨过多少高山，不管见过多少高人，最重要的功课就是面对自己。

# 第四章
## 个人品牌篇

如何让你的个人品牌越来越值钱

个人品牌第一心法：

长期主义，

活 100 年就做 100 年。

# 如何"打造"个人品牌

## 个人品牌是卖出来的，不是"打造"出来的

未来是个人品牌的时代，做个人品牌，它可以帮助你更高效地创富，让你变得更值钱。

罗永浩为什么即使欠债数亿元，还能在短短几年内把钱还清？靠的就是个人品牌的影响力和商业价值。

所以，你要学会"打造"自己的个人品牌。

"打造"个人品牌最关键的点是什么？

其实，个人品牌是卖出来的，不是"打造"出来的。

最关键的点是，找到好产品，或者创造好作品，勇敢地卖！在创造好业绩的同时，成就"好品牌"和"好名气"。

新东方的董宇辉原本籍籍无名，就是通过东方甄选这个平台，借助直播带货，卖出了名气，成为知识直播带货领域的个人 IP。

脱口秀行业的领军人物，除了笑果文化的一些知名演员，

就得属罗永浩，后者甚至算是中国脱口秀鼻祖之一。罗永浩为什么能出名、成为个人品牌？因为他一直在卖，卖产品，卖自己。

最好的个人品牌，就是卖你自己，卖你的专业度，卖你的影响力，卖你的情怀，卖你的产品。

# 如何提升个人影响力

在打造个人品牌的过程中，如何提升个人影响力？

## 在任何一个有你的场域里，成为一个为他人护场的人

保护场域，为主场护场，你就自然会成为一个间接的、有影响力的人，也就是"什么场显什么相"。

别人就会追随你，传播你，捍卫你。你的影响力自然就增强了。

## 多做有影响力的事

做那些能提升影响力的事。举办年会，做万人演讲，参加综艺节目，举办 8 小时大直播，与有影响力的嘉宾直播"连麦"，创作一本有声书，出版一本纸质书，举办签名售书活动，为个人、企业拍摄一部电影，做里程碑事件，或者一个月集中销售半年销量的产品。同样是 100 万，你用一个月卖出去和你用半年卖出去，影响力显然是不同的。里程碑事件是我最擅长

的商业绝活儿之一，在我的课程中有详细的讲解和拆解，帮助我的很多私教短时间内极大提升了行业影响力，成为各自细分领域的意见领袖。

这些事件，能在很短时间之内传播、扩散你的影响力，让更多人知道你这个人、你的思想，了解你的梦想、你正在做的伟大事业。

借助影响力事件，你既提升了影响力，还宣传了事业，实现了业绩数倍增长，可谓一举多得，属于多赢。

有影响力的事不仅要多做，还要定期做，成为常态。

这样，你在某个领域的影响力自然就增强了，你的个人品牌就有了气势，有了支撑，有了落脚点，有名有实。

# 完成比完美更重要

无论是打造个人品牌，还是创业创富，很多人毁在一个点上，那就是追求完美。

按理说，追求完美、追求极致是好事，但问题是，在数字化时代，打造个人品牌、创富的途中，很多机会本身就是赚的时间差和信息差，这意味着如果你一味追求完美，很容易就被他人抢占先机，或者你的项目迟迟无法交付。

别想着所有事情都全部准备好了再开始。事实上，世界上完美的事儿极少。

其实，再大的个人品牌，再伟大的品牌，都是从零开始，一步步做起来的。先进入某个赛道，跑起来，跑的过程中不断调整自己，让事情变好。

小米手机最初的几款产品，存在很多不足和遗憾，但依然赢得了市场。在此过程中，小米不断升级迭代，推出更好的款式，这才让小米手机趋向完美。

一些被大家认可的大咖，刚开始也没有那么优秀，他们上台演讲、在线直播也会紧张、说错话、发挥失常。但是，他们敢于站上台、做直播，先找到导师，学习扎实的内容，开始输出，完成几场演讲、直播之后，他们不断复盘、总结经验，让自己讲得越来越好，越来越得心应手，这才让观众看到了他们现在优秀的一面。

所以，你要做的就是，小步快跑，不断优化，让作品和产品变得更好，才能持续增长。

比如，打造个人品牌时如何输出？

一个观点 + 一个故事，就可以变成文字输出，或者做成一个短视频。

视频时长在 1 分钟左右，可以更好地提升完播率。

先完成，再完整。

想完美，就完蛋。

# 个人品牌如何打造爆款

你要明白，市场记不住第二，只能记住第一。

如果你已经有非常好的内容，尽量切入一个细分领域，并且快速成为细分领域行业第一。

现在市场竞争太激烈，无论什么品牌，都很难所有产品都做到行业第一，但你可以做一个爆款产品，迅速成为行业第一，让别人一想到这个产品，首先想到你，这会迅速提升你的个人品牌影响力。

比如，我的"金钱关系咨询师"课程，是2023年我所在的课程交付平台，全网销量第一名。这也是我能迅速倍增个人影响力的一个重要原因。

切记，产品第一重要，客户第二重要，营销第三重要，但没有营销，产品和客户都不重要，因为产品无法触达客户。

做好产品，做牛品牌，有道有术，才能真正产生长远深刻的价值。

# 做好个人品牌的三大秘籍

做好个人品牌，关键是掌握三大秘籍。

## 秘籍一：细分领域

想办法成为细分领域第一名。

为什么要做第一？因为客户心智有限，通常只能记住细分领域第一名，需要服务时，首先想找的，也是细分领域第一名。

做不了行业第一，就做地域第一。

做不了地域第一，可以加入行业第一。

如何创造细分领域？

## （1）借助 3C 分析法

其一，分析自己。

你热爱什么？这个可借助我课程中的人类图和热情测试去做深度且好用的探索。

你擅长什么？即你做什么事情最轻松。

你要找到你的热爱，发挥你的热情，它们可以充分激发你体内的潜能。

其二，分析对手和榜样。

学习对手和榜样的优点，避免其缺点。

跟行业头部学习，才能分析你的榜样。

花钱买榜样的时间和经验。

舍得让同行赚钱，能力范围内，向同行头部学习他最贵的课程，才有机会分析他，学习他的精髓。

其三，分析趋势和市场。

团体意识和社会现状决定未来市场。

你要选择做当下最热门、最有潜力的行业。比如，心理学创富、女性成长、家庭教育、中国传统文化……

### （2）找到成就事件

找到三件成就事件、九种核心能力，分析自己赚钱的能力。

第一件成就事件里，有哪三种能力？

第二件成就事件里，有哪三种能力？

第三件成就事件里，有哪三种能力？

以我为例。我高考作文满分，说明我在汉语听说读写方面是有优势的。

创业后，我多次打破了行业销售纪录，表明我营销能力、学习力、团队打造能力比较强。那么，我就要整合自己的优势去创业。

## 秘籍二：找准定位

定位定江山。大行业很难成为第一，小领域做精却可以。

定位同时明确你的使命、愿景，这是你的事业基业长青的根本。

你要明白，当你专注于钱的时候人就会走，当你关注人时，人就会帮你赚钱。

明确梦想：你要帮助多少人达成什么事？

你的梦想包含多少人，多少人就会帮你达成梦想。

## 秘籍三：热爱营销

产品第一重要，客户第二重要，营销第三重要，但是没有营销，产品和客户都不重要。

热爱营销 = 热爱美好生活。拒绝营销，等于拒绝美好人生。

假如你实在觉得自己什么都不擅长，就找一款好产品，去做销售。

销售是离成功最近的路。

营销是不分行业的，可以跟一切结合。

营销不是把你的钱拿过来，而是用真诚、用真心去对待你的客户，用你的产品帮助你的客户。

营销无二，唯有用心。过去十几年，营销为我带来不可思议的结果，也帮助我的学生们收入数倍增长，完成了不可思议的目标，更细致的方法，在我的课程中有详细讲解。

# 个人品牌升级秘籍

**个人品牌定位的基本原则是什么**

要符合马斯洛需求理论。

以下是马斯洛需求层次。

自我实现

尊重

爱和归属感

安全需求

生理需求

以上几大需求，必须先满足生理需求，这是基础，否则无法去做其他事。人真的要过"钱"关，才能真的自由。

马斯洛需求层次，越往下的需求的人越多，越往上需求的人越少，价格可以越高。你做个人品牌定位时，根据你的价格，参考马斯洛需求层次，找到你个人品牌的细分领域。

## 价值千万的个人品牌输出路径是什么

原创文章：利用好公众号；

原创视频：利用好短视频平台；

原创反馈：尽量搜集展示所有好的反馈；

专业答疑：展现你的专业度，提升用户黏性；

网络电台：不断传播你自己；

个案咨询：赢得客户的心；

直播分享：扩大影响力；

思维导图：让人一目了然；

采访名人：在自己的公众号上，发布采访名人的文章，写到 100 人，坚持一整年必有大成效。

## 个人品牌故事如何写

### （1）核心：引发共鸣

不能引发共鸣的文章不是好文章，不能引起共鸣的故事不是好故事。

### （2）逻辑：英雄之旅

在一个人平静的生活中，发生一件事，令这个人跌入谷底，就像平静的人生突然裂了一个口；然后他通过努力，把人生的裂痕，变成光照进来的地方，自己就慢慢站了起来，活成了现在的样子。那件事，仿佛是来唤醒和召唤你一般。

这，就是一趟英雄之旅。

你如果仔细观察，会发现，很多好电影，比如《肖申克的救赎》《我不是药神》等也符合英雄之旅的模式。

个人品牌的故事，也可以参考英雄之旅模式来写，这样会更精彩，也更符合读者的期待。人性使然。

同时，**写个人品牌故事的时候，你的苦一笔带过，不要花大篇幅描述你的苦。重点是呈现你走出逆境、触底反弹、实现逆袭的过程，读者能从中学习一些方法，更有价值。**

### （3）启发：成为榜样

好的个人品牌故事，要能让读者读完之后获得一定的启发，让读者找到可以借鉴的成功路径，甚至让读者视你为榜样。

# 如何放大个人品牌故事的影响力和价值

好多人日更公众号，我想说，你把一篇好文章传播1万次，比你天天写有效果。因为推广文章比写文章重要100倍，做个人品牌传播最重要。

写完个人品牌故事之后，如何放大它的影响力，让它产生更大价值？

我会建议学员在写完个人品牌故事之后，将个人品牌故事一鱼多吃。

什么意思？就是要充分用好你的个人品牌故事，让它产生更多价值。

怎么做？

## 不断去讲你的个人品牌故事

我会让学员持续优化、迭代自己的个人品牌故事，然后不断去讲自己的个人品牌故事。

直播时讲，线上分享时讲，短视频讲，线下演讲时讲……

讲多了，才会有更多人知道你的个人品牌故事，你的故事才能影响到更多人，转化更多人。

## 借力新媒体

微信公众号等新媒体是个人品牌故事发布和传播的主要阵地，你要把个人品牌故事发布在微信公众号等新媒体上，让更多读者看到你的个人品牌故事。

你最好配上你的照片，以图文的形式将个人品牌故事展示在新媒体上。有图有真相，图文形式，更容易吸引读者阅读，也更容易让对方信服。

## 用好视频平台

数字时代，视频在大众中的影响力日益增大。你要用好短视频等视频平台。

我会建议学员把个人品牌故事做成 3 分钟以内的短视频。

这样的视频不难做，筛选你个人品牌故事中打动人心、突出你成长逆袭的内容，配上适合的照片，加上动情的背景音乐，你的个人品牌故事视频就做好了。

当然，如果你的个人品牌故事比较长，或者会不断更新，你可以多做几个。当然，花钱请专业人士来做会更好。

接下来，你把做好的个人品牌故事视频发布到短视频平台，比如抖音、微信视频号、快手、小红书等，还可以同步到中长视频平台，比如 B 站、爱奇艺、优酷、腾讯视频等。

这是一个长期的过程，要根据你的成长和感悟，不停更新迭代，才能让观众有新鲜感，持续关注你。

借助它们，来放大个人品牌故事的影响力和价值，获取更多流量。

# 个人品牌如何更赚钱

个人品牌要想用同样的时间赚到更多钱，需要高效。

很多学员问我，如何做？

遵循以下准则，你的个人品牌会更高效。

找到你热爱的事情；

明确你擅长的领域；

找到某个细分领域；

不断做里程碑事件；

一定要去找个好老师，这钱不能省，花钱买时间，等于直接买他或她的经验，缩短自己摸索的时间。

# 个人品牌的三种商业模式

企业有商业模式，个人（尤其是个人品牌）也有。

个人品牌的商业模式分为三种。

商业模式一：零售时间。

商业模式二：批发时间。

商业模式三：买卖时间。

## 商业模式一

零售时间，即一份时间出售一次。

这种情况最常见。比如，你去某家单位上班，就是把自己的时间出售一次。

你的时间是有限的，所以在零售时间模式下赚的钱往往很有限。

这种情况下，如果你想将价值最大化，怎么办？

主要有两种方法：

一是提高单位时间的售价——学习、践行，把自己变贵。

二是提高时间的销售数量——加班、拼命，让自己劳累。

## 商业模式二

批发时间，即一份时间出售多次。

这种情况也比较常见。比如，你创作了一门课程，卖了很多份，就是把一份时间出售多次。

我现在花时间写书，除了想把我自己的思想、理念通过书传递给更多读者，打造自己的个人品牌，还有一个原因就是把一份时间出售无数次。

正式上市后，只要有人买了我的书，我就有钱赚。我只要在前期花点时间写书，再想办法出版即可。

你看，批发时间模式显然比零售时间模式更高级，因为它可以倍增你的时间，提高你时间的价值。

再如，拍电影如果运作得当，很赚钱。比如《消失的她》《前任攻略》这些高票房的电影大赚特赚。为什么？电影是电影团队花了一些时间制作并大量卖给观众的。这本质上也是把一份时间出售多次。

如何优化批发时间模式呢？

你创作的产品，得是当下的刚需，而且是消费者认为的刚需。

这个也好理解。如果你的产品不是当下大家需要的，而是没人要，或者是多少年后大家需要的，那你的产品再好，销量也很有限。

所以，我现在写书、创作课程，都会先研究一下市场需求，看我创作的产品是不是刚需，能不能产生足够大的价值和影响。

## 商业模式三

买卖时间，即购买他人的时间再卖出去。

外聘导师或创业和投资就属于这种商业模式。

世界上大部分富人是借助买卖时间模式发家致富的。

道理很简单，你的时间是有限的，只有通过购买他人的时间，借助杠杆，才能无限倍增时间这个稀缺的资源，产生无限大的商业价值。

如何优化买卖时间模式呢？

你得不断学习创业和投资方面的知识，学会搭建团队和平台，善用他人的时间，并将这些商业化。

这其实是一举多得的事，既带动了就业，又创造了大量商业价值，还为社会和国家的进步做了贡献。

**我现在会减少使用零售时间模式，不断优化批发时间模式和买卖时间模式。**

这样，我有限的生命和时间才能产生更大价值，也才能成就更多人，给国家和社会带来更多福祉。

# 个人品牌高效变现的五大步骤

### 找到个人品牌的标签

个人品牌标签就是告诉客户：我是谁？我是做什么的？为什么我可以做好这件事情？

客户的心智是有限的，只能记住标签鲜明的个人品牌，当有需求时，首先想到的就是对方。

那些标签模糊的个人品牌很容易被忽略，也很难高效变现。

### 持续输出

持续输出，是个人品牌的标配。你要想吸引粉丝、转化客户，就得不断输出内容。

借助输出，让粉丝、客户持续看到你在该领域的努力和专业度，从而吸引他们成为客户。

输出方式以口头输出、文字输出为主，前者可以用短视频、直播、课程等形式展现，后者可以通过新媒体文章展示。无论什么方式，一定要三赢，我好，你好，世界好。

## 根据粉丝需求创作产品

个人品牌要变现得有产品。产品得有需求，需求量还得大，这样才能多赚钱。

产品主要分为有形产品和无形产品。

有形产品：茶叶、红酒、纸质书等。

无形产品：咨询、课程、私教、电子书、有声书等。

建议有形产品和无形产品搭配，所以推出产品前尽量做好问卷调查，只做别人需要的好产品。

## 明确你的商业模式

本书中我提到过，个人品牌的商业模式主要分三种。

商业模式一：一份时间出售一次。

商业模式二：一份时间出售多次。

商业模式三：购买他人的时间再卖出去。

你要想持续变现，先得明确你要选择哪一种商业模式，这是基础，也是你个人品牌形成商业闭环的基石。

打造你的个人品牌，先明确你自己处在什么阶段，确定好商业模式，左手卖课，右手咨询，你会获得更多财富。

## 组建小而美的团队

你做个人品牌，要想高效变现，需要高效的团队。

把能够外包的事情全部交给外包团队，你只做最有价值的那部分。

你的团队不需要太大，小而美即可，这也是现在比较流行的团队模式。

可别小瞧小而美团队，很多小团队人不多，但每年却能产生高业绩，而其运营成本不高又可控。

# 个人品牌的五种变现模式

你轻创业，打造个人品牌，在提升影响力和个人商业价值的同时，最终是为了变现。

我总结了几种常见的个人品牌的变现模式。

## 咨询

咨询是个人品牌最容易起步的方式，上不封顶。

## 卖课

如果你是个销售型人才，那么咨询＋卖课是最轻松的变现模式，也是现在知识 IP 比较常用的方式，有自己的个人品牌，借力一个好口碑的学院，代理课程，学院来做交付，很轻松。

## 培训

培训分为线上线下两种。

线上培训的优势是，比较便利，辐射的人也很多。

　　线下培训的优势是，环境相对封闭，学员可以在老师身边完成实操环节，交付效果较好，而且学员黏性也高。

　　同时，如果你有后端课程，线下培训的转化效果通常优于线上，线下培训尤其适合高端产品。

## 私塾或私教

　　这也是现在比较流行的变现模式，客单价通常较高，但是学习效果较好。通常都是最核心的内容，服务少数人。跟对导师，能助力你事半功倍，轻松赚钱，潇洒生活。

## 高端咨询 + 分红

　　当你的名气和实力达到一定水平，可以设置一个高端咨询 + 分红的模式，主要服务有一定实力的企业，能让你用同样的工作时间产生最大的效益。

# 佘荣荣金句

## 一

轻松赚钱 = 个人影响力 × 营销。

## 二

个人品牌是值得做一辈子的事业!

## 三

个人品牌取名技巧：简单易传播，全网统一，不要有生僻字。

## 四

产品第一重要，客户第二重要，营销第三重要；没有营销，产品和客户都不重要。

## 五

当你开始做知识变现的时候，你更要看见他人的价值。

## 六

当你成为导师的时候，你要学会提供高价值。

## 七

公众号传播快的秘籍：写高品质的短文。现代人，喜欢简单有力的文字。

## 八

越是时间不够，越是要用单位时间去产生更高价值。

## 九

每当你提供价值却不收费的时候，就是在向宇宙强化你的不值得感。

## 十

好课程，遇到并选择，本身就是一种智慧和能力。

## 十一

只和自己比成长，不与他人比优秀。

# 第五章

## 成事之道篇

### 如何通过策略与科学方法成事

看得见的口碑背后，
是看不见的日复一日的精进。
成事是从能迈出的第一步开始，
踏踏实实走好每一步。
源于热爱，忠于使命。
人生海海，理想如光。

# 创富是一种义务，
# 成事是一种认知

创富的直接意义是什么？

就是创造条件，具备足够的物质基础，让自己、家人活得更好更幸福。当你成事了，你会发现你的人生改变了，幸福、美好会涌向你自己和家人。所以说创富是你的义务。

成事，在很大程度上是一种观念，是一种思维，是一种认知，更是一种能力。

抖音创始人张一鸣是我很敬佩的一位优秀企业家。他接受采访时说，成功其实是一种认知，是一种观念，更是一种能力。

在他创业的过程中，最缺的从来都不是创业资金，而是对创业项目的认知，如果认知足够深，创业资金等外在不足自然会在适当时候补足。

反而是那些一开始就拥有足够多资金的人，却因为认知不够、观念不到位，花了不少钱，最后却人财两空，创业项目以失败告终。

《西游记》中，手无寸铁的唐僧为什么能取经成功？那是因为他对取经这件事认知足够清晰，信念足够坚定，义无反顾地踏上了征途。孙悟空、猪八戒、沙和尚这些能人自然而然会在途中出现给予协助。

所以，如果你想成事，首先要升级认知、调整观念，让你的认知配得上你的梦想。

认知到位了，其他条件会慢慢被你吸引过来，成事就是水到渠成的了。

# 成事就是与同频的人，做长久的事

谋事，找手头宽裕的人；干事，找手头拮据的人。

父母从商，多听父母的意见。

丈夫经商，提高情商，多多撒娇；

丈夫码农，转换思维，有事说事。

为什么成事的人每天都给自己正向催眠？因为，哪怕是谎言，说得多了，也会成为事实。

**成事重在思维和智慧，有了这些，成事便会变得简单高效。**

所以，你要重点培养自己的创富思维和智慧，让自己在创富之路上事半功倍。

有了这个基础，你还需要找到同频的、志同道合的人，一起做事，一起创富。

因为人很容易受到环境的影响，而与你一起生活、共事的人，是环境的一部分，你会受到他们的影响。

如果他们积极高能，会对你产生正面的影响，助力你成事和创富。

如果他们消极低能，会对你产生负面的影响，阻碍你成事和创富。

所以，你要慎重选择合作者，少和负能量的人深度链接。

接着，顺道而行，明白进退取舍，掌握好分寸，就容易在最合适的时候做最合适的事，成事也就水到渠成了。

在我的团队中，我会经常向学员、私教分享成事之道，传授成事的策略和方法。这些实操的经验和智慧，都是我自己这些年摸爬滚打从实践中获得的。

很多学员、私教跟着我学了之后，便能落地，让所学为其所用，很快便能领略到成事的秘籍，获得大的进展。

# 如何选择创富老师

想要在新一年迅速达标，要么学一门有效果的课程，要么借力一个好老师。

选择优秀的创富导师时，重点参考以下几点。

## 他能把事情讲清楚

这样，你才知道该怎么做，少花时间摸索，少走弯路。

## 他能吸引注意力

知道如何吸引学员注意力的老师，会让学员更专注、更聚精会神、更快掌握核心要领。

## 他能启动学员内在的力量

好的老师，会激发学员自己的潜力、潜能，启动其内在的智慧和力量，帮助学员从内在找到答案。

### 他确保学员会做了

老师要确保学员真正会做了，这样，在他放手之后，学员才能真正落地，取得一定成果。

否则，只是讲个一知半解，学员很可能事情做得不怎么样，也很难取得像样的成果。

### 他引发足够重视

好的老师，会塑造价值，引起学员重视，激发学员的自驱力，让学员即使结束课程之后，也能持续学习，持续行动。

这样的学员，更容易取得一定成果。

### 他能为学员的成长持续赋能

好老师要做的就是，持续让学员做对成长、人生、创富有高价值的事情。

### 他自己有成果

好老师，说的很少，做的很多，所以，你自己去看看他的成果。

### 他教的学员有成果

带学员已经取得一定成果的人，就能带学员取得更大成果。

好老师，身边会有不少已经取得一定成果的学员的案例。

名师指路，但不会背着你上路。

因为他爱并支持你。

名师带路，但不会催着你赶路。

因为他爱并支持你。

# 如何靠选择成事

　　人这一生，选择大于努力。多数人靠努力成事，少数人靠选择成事。

　　后者，不是大幸运，就是大智慧；不是有资本，就是有福报。

　　如何借助选择提高你的成事率？

## 选对赛道

　　俗话说，女怕嫁错郎，男怕入错行。选择不对，努力白费。

　　创富时，尤其如此。如果你的赛道选错了，即使你付出再多的时间、心血、努力，也很难获得好的结果。

　　所以，你要想成事，首先要选对奋斗的赛道。

　　你选择的赛道，得是朝阳行业，能给你带来持续长远的回报，产生滚雪球效应，如心理学创富、女性成长、家庭教育、中国传统文化……

## 选对平台

好的平台，能放大你的价值，还能激发你的潜能。

在阿里巴巴、腾讯刚创立的时候，那些选择加入这些企业的人，后来都获得了巨大的回报。

由此可见，选对平台是多么重要！

## 跟对人

跟对人、跟对导师，比选对平台还重要。

诸葛亮之所以选择跟随刘备，是因为他知道刘备最适合他，最能展现他的才能。他跟着刘备，能取得更大的成果。

所以，你选择老师、创富导师或者创业伙伴时，一定要花时间认真筛选，选择适合你的人，而且对方有成果，也帮助他人取得了一定成果，未来还有发展潜力。

## 选对趋势

当你看见一个趋势，要勇敢地起步。如果你看见一个趋势，却前怕狼后怕虎，趋势就会在不经意间溜走，而人生，能够遇见并且看到的趋势屈指可数。

# 想成事，
# 要想清楚几个问题

要想成事，你得先想清楚三个问题：

第一，你有什么？

第二，你要什么？

第三，你可以放弃什么？

对于大多数人来说，自己有什么很明确，但对要什么比较模糊。

你可能会奇怪："笑话，我难道会不清楚自己想要什么？"

其实这并不奇怪。很多人会觉得自己知道自己要什么，但是如果你真正问他们想要的是什么，他们很可能说着说着，语气就变得不够坚定了。

为什么？

其一，很多人想要的东西不够明确，有点模糊。

其二，很多人想要的东西，很大程度上只是他们的欲望，并不是真正的目标和梦想。

因此，你要先弄清楚自己真正的目标和梦想，再决定事业方向和创富项目，避免半途而废。

**这三个问题中，最难的是不知道可以放弃什么。**

鱼和熊掌不可兼得，有舍才有得。

为什么你和一些朋友的差距越来越大，不在一个圈层了？

其实也简单，就是选择和放弃的差距。

你在赖床，他在锻炼。

你在应付差事，他在用心工作。

你在完成昨天的任务，他在制订明天的计划。

通过长年累月的积累，他的选择和付出获得了回报，变成了累累硕果。你的放弃，却让你成长停滞，与别人的差距不断拉大。

你会发现，凡是选择把一件事做到极致，凡是发愿把一件事做一辈子的人，背后都有一份深刻的受益。

这份事业，是他对这份受益的真诚回应。

时间在不经意间流逝，你现在努力，将来才能毫不费力。

所以，如果你想成事，就得舍弃平时的安逸，用努力来播下好种子，以换取将来的好果实。

# 创富时如何提升执行力

## 执行力是一个人成事与否的关键

执行力是为目标而执行。

普通人用能力决定目标，高手用目标决定能力。

哈佛大学通过 25 年的调查研究发现：3% 的人有清晰长远的目标，他们成了超级成功的人士。10% 的人有短期目标，他们成了社会的中上层人士。60% 的人目标很模糊，他们成了社会的中下层人士。27% 的人完全没有目标，他们生活在最底层。

这导致的结果是什么？世界上 3% 的人掌握了世界上大多数的财富！

因此，如果你想成事，需要具备明确的目标，还得经常向自己发问。

**灵魂之问：**

你的目标够清晰吗？确定的目标才能给你按确认键。

你下月的目标写了吗，是否有可执行的计划？

下月目标写出来之后，计划和路径自然就出来了。

## 高执行力的三个特征

### （1）清晰的愿景

愿景，是你的北斗星，每个人向上走的时候都会遇到困难，它可以随时指引你。

愿景，可以指引你在困难中依旧前行。

愿景，就是你的成事可以给别人带来什么。

没有愿景的行动就是瞎折腾。

当你的愿景是清晰的，宇宙就是清晰的；当你的愿景是可视化的，可以大大增加实现的可能性。

把你的愿景写下来，放在你可以看见的地方。

**此外，你要清楚地知道，你愿意为这个愿景放弃什么。**

**鱼和熊掌不可兼得。什么都想要的人往往什么都得不到。**

### （2）十足的热情

热情驱动自信力，热情激发驱动力，热情影响学习力。

热情可以保持高频能量，热情可以鼓舞其他人。

热情本来就在你的体内，只是你还没找到而已。

### （3）马上行动

最重要的是迈出第一步和下一步。

列目标：目标是指路明灯。

列出时间表：有了时间表，才有紧迫感。

建立责任制：两个责任人等于没有责任人。

预测可能产生的障碍：提前想好应对之策。

建立资源清单：明确你有哪些可以用到的资源。

建立回顾流程，做复盘：有成果的人会做复盘，每一次复盘都是一次成长。

带着愿景行动：没有愿景的行动只剩下忙碌，没有热情的行动会变得疲惫。

不要等待，先迈出第一步：条件和时机永远不会完美。在这之前，你要先起步。

# 两种成事策略

## 第一种策略：设定目标

成事是结果，目标设定是原因。

计划是给成事买保险，没有计划就是在计划失败。

一个人没有目标，就会像只无头苍蝇，到处乱飞，同时也容易受到周围人的干扰和诱惑。

孔子曰："吾十有五而志于学，三十而立，四十而不惑，五十而知天命，六十而耳顺，七十而从心所欲不逾矩。"

所以，你会发现，凡有所作为之人，无论是对自己的长远目标，还是短期目标，都有很好的规划。

当你发现，自己每日目标完成了，每月目标就不是事，每年目标就很轻松。善于每日写目标，让你多活一生。

## 第二种策略：做复盘

复盘是给失败做避雷，给成事做叠加。

每一天做复盘，每一个月做复盘，每一年做复盘，都能帮助你提升效率。总结优秀的地方，继续复制；发现需要提升的地方，加以改善。

这一点，我特别佩服曾国藩，他也许不是最聪明的，但他却是最喜欢反思写复盘的。可以说，他的大成就，都是通过日常点点滴滴反思总结积累而来的。

日目标，月目标，年目标。日复盘，月复盘，年复盘。

**如何做好一次复盘？**

在实现目标后，或者在达到目标的过程中，你需要不断地反思总结。让自己的人生过得有意义、有价值，也为别人提供价值，是值得一辈子去思索践行的。

我的目标完成情况复盘如下：

我做对了哪些事？

我需要提升哪些？

我对谁表达了感恩？

我慷慨地对待了谁？

越是高手，越善于用"细颗粒"的方案活出高品质的人生！

# 如何更好地设定目标

当你愿意花一些时间来设定目标时，你就比别人增加了实现自己梦想的可能性。

## 为什么要设定目标

亨利·福特说，无论你觉得自己能还是不能，你都是对的。

这句话暗示着人生目标的重要性。

目标的意义：如何过一天就如何过一年。

每日目标，善于写每日目标让你多活一生。

每月目标，做一个富足的人，月目标是你对自己的最低要求。

每年目标，让你这一年过得充实有价值。

列目标，改认知，改思想，改结果。

## 如何设定目标

目标不要太复杂，越容易执行越好。

在设定目标之前，先问自己几个问题。

我本月的目标是什么？

为了达成这个目标，我需要做什么？

为了达成这个目标，我需要提升哪些能力？

为了达成这个目标，我可以借力谁？

为了达成这个目标，我可以帮助谁达成他的目标？

请记住：你能够成事，是因为很多人希望你成事。

所以，你帮助的人越多，将来支持你的人也越多，你成事的可能性就越大。

## 写目标压力大怎么办

### （1）写目标前一定要调频到高频状态

想象你完成目标的场面。

这个目标是我真心想要的吗？

这个目标是我努力就能达到的吗？

我相信这个目标能实现吗？

### （2）每个人都是过滤器

当你的过滤器是高频的，你的人生就是高品质的。列目标的你，就到了一个更大的场域，仿佛拥有了一个更优质的过滤器，助力你活出更高品质的人生。

### （3）当你立下大目标时，就需要很多人与你共鸣

目标必须是利他的，三赢的，才会更容易达成。

我好，你好，世界好。

为事情找到那个三赢的方案至关重要。

## （4）把目标分享给离你最近的人

把目标分享给你身边的人或者最支持你的人，并告知他们你的坚定。

我课程中有一套十分科学的，能够帮你快速达成目标的详细方法，可以调动你的意识和潜意识一起支持你完成目标，也无数次帮助我自己和无数人实现目标。

# 如何持久成事

## 充满韧性

你要想创富，要想成事，必须充满韧性。

新东方创始人俞敏洪老师是我很敬佩的一位企业家。他不算是最聪明的人，却创办了新东方这家有影响力的公司，靠的是什么？

我觉得他身上的一个特质起了核心作用，那就是具备韧性——打不死，不服输，坚韧不拔。

新东方因为行业调整遭遇重创之后，俞敏洪并没有"躺平"摆烂，或者一蹶不振，而是积极寻求转型，最终推出了东方甄选这样的直播电商平台，还捧红了董宇辉这样的"网红"知识IP。再一次迎来事业的高峰，依靠的就是他身上那股子韧性。

如何更有韧性？

多磨炼自己。正所谓，百炼成钢。

跟榜样学习。找到这方面的榜样，学习他的精神和品质。

比如，你可以向俞敏洪、任正非这样充满韧性的企业家学习。

当然，如果你身边有这样的朋友，你直接近距离跟他学习，甚至和他共事，这样效果更佳。通过与他交流，观察他的言行，你更容易学习他身上的优良品质。

学会三秒钟转念。

保持中正、开放的生命状态，善于发现机会，抓住机遇。

## 良好的人际关系

良好的人际关系会提升你的执行力，助力你更好地达成目标。

拥有高情商，你就会有好的人际关系，在正确的场域里做有分寸的事。

要想创富，你需要处理好与领导、团队伙伴的关系。他们能助力你的事业。如果你的人际关系没有处理好，他们会成为你创富时的阻力。

你要处理好和亲朋好友的关系。他们看到你的积极改变，时机成熟时很可能会追随你，加入你的团队，成为你创富时的重要帮手。

你也要处理好与家人的关系。让他们成为你创富路上坚强的后盾而不是阻碍。

适当时，找一位导师或者教练，与他搞好关系，跟他学习。

如何与人搞好关系呢？换位思考与共情是一个重要的方法，在我的课程中，有详细的练习，帮助你在 2 分钟内瞬间提高情商，拥有与他人建立好关系的核心能力。

# 成为创富高手之道

如何才能成为一名创富高手？

## 找到你的赛道

在创富之前，你得先找到你的赛道。

并非所有赛道都值得你花时间，也并非所有赚钱的赛道、风口都适合你。

你得结合我在"个人品牌篇"分享的技巧，找准适合你的赛道，然后深耕下去。

找寻赛道的过程，看似简单，但其实并没有那么容易。

有些人是有高人指点，早早找对了赛道；有些人是运气好，撞到了适合自己的赛道。这些人，都能很快取得一定的成绩。

但是，大部分人可能需要花费不少时间实践、摸索，才能找到真正适合自己的赛道。不过，和一生相比，花点时间找到适合的赛道精耕细作还是值得的。

## 保持耐心，专注，专业

要想成为一名高手，首先需要保持耐心，专注，专业。

因为成为高手，需要你长期积累，需要厚积薄发，这些都需要时间。

因为成为高手，需要打磨你某些方面的技能，这需要你有耐心，遵守一万小时定律，不做旋转的空心圆。

因为成为高手，不是要一时的成事，而是需要长久的成事，这需要耐心。

## 耐得住孤独

想成为创富高手，需要耐得住孤独，把孤独当作朋友。

你需要花一些时间独处，不断修炼自己的心性心力。

你需要在某些孤独的时间里用心"练剑"。正所谓，人若无名，用心练剑。

## 做时间的长期主义者

高手之路注定不是一条平坦之路，路上充满风霜雪雨。

为了到达财富的顶峰，你最需要坚持的，是长期主义。

只有长期主义，才能帮你熬过难关，积累你的核心竞争力，助你收获创富果实。

# 如何把更多财富带进生命中

　　《秘密》是我很喜欢的一本书，里面讲了很多创富的秘密。《秘密》中有一条非常重要的财富法则，那就是舍财得财，即有舍有得。

　　与他人分享金钱并全心全意地付出，是最美好的事情之一。世界上许多非常富有的人都是伟大的慈善家。当他们捐了一大笔钱时，他们实际上是在对自己和宇宙说："我有很多财富。"

　　他们怀有这种想法，并将财富给予他人，在吸引力法则的助力下，他们获得了数倍于原有财富的奖励。

　　事实上，大多数富人在获得足够的财富之前，会有意识地遵循放弃金钱来获得金钱的规律。

　　我的团队伙伴喜欢跟着我做事、打拼。为什么？因为他们觉得我是一个大气的人、敢给的人。对我而言，我需要的是人才，舍弃某些东西，才能获得人才追随，共创事业，我自然会得到更多。所以，我愿意给予。

给予就是爱。给予财富，比占有、获得财富更容易吸引财富。

给予的方式有很多：精神的，物质的；有条件的，无条件的；有限的，无限的；先付出后索取，先索取后给予……

只要你向他人传递积极而美好的信息，给予就会带给你更多的财富和幸福。

慈悲不是出于勉强，它像甘露一样从天而降，它不但将幸福给予受施的人，也将幸福带给给予的人。

财富的终极秘密，是厚德载物。

想要什么，就先给出去。

如果你想要更多的财富，就让更多人感受到富足。

# 你准备好财富自由了吗

"我的梦想，就是实现财富自由……然后，想去环游世界……"

很多人都想实现财富自由，问题是，你为财富自由做好准备了吗？还是只是停留在白日梦中？

要想实现财富自由，先得升级你的硬件和操作系统。

## 升级硬件

手机、电脑等设备都有硬件。

其实，人也有硬件。你的硬件，就是你大脑中的各种概念。

概念其实是一种底层逻辑，可别小瞧概念，它其实是你做事的方向灯。很多人认知水平较低，做事效果差，很大原因是他们脑中的概念不够多或者不清晰。

以财富自由为例。很多人认为，所谓财富自由，就是有很多钱。

这样理解，貌似也没有太大问题，但其实并不准确。

其实，财富自由本质上是你想拥有"对时间的自主权"。就是你有一天可以"不用为了生活、生存，再去被迫出售自己的时间"。你可以自由安排你的时间，做你想做的事，拒绝那些你不想做而之前为了钱被迫要做的事。

当你清楚理解财富自由的底层逻辑和具体概念之后，你就不会再陷入对金钱的执念和迷信中，你可以根据自己的实际情况，制定一套可行可落地的方案，想办法让自己的被动收入、管道收入高过你的月开支、年开支，你就会离财富自由越来越近。

你看，对概念的不同理解，会让你产生不一样的行动，结果自然不同。所以，如果你想要实现财富自由，先得理解财富自由的正确概念。

## 升级操作系统

何为操作系统？以手机、电脑为例，它们的操作系统能让你正常使用它们的功能。如果它们的操作系统版本太低，性能很差，你用起来会很费劲，很低效。

那么，你的操作系统是什么呢？就是你的思维模式。

很多人外表看着没太大不同，但是取得的成就却有天壤之别。为什么？除了境遇的差异，主要是因为他们的思维模式不一样。说白了，就是他们的大脑不同，再深入点，就是他们脑中的神经通路不一样。

巴菲特说他这辈子不断修炼的，其实是他的思维模式。他读很多书，跟不同人交流、学习，不断反思所作所为并从中吸取教训，就是为了让他的大脑变得更高级，拥有更高维的思维模式。

如果没有强有力的思维模式做支持，你即使心存梦想，也无法将它们一一实现……

所以，如果你想实现财富自由，最要修炼的是你的思维模式，你要让你的思维模式配得上你的梦想，你才可能真正实现梦想。

好在思维模式是可以修炼养成的，这给我们这些普通人留了一些机会。

具体如何修炼？

不断学习，读好书，与高人交流，跟导师学习，用心理学的技巧不断地训练自己的思维方式……都可以帮助你升级你的思维模式，让你拥有更好的操作系统，助力你离财富自由越来越近。

# 佘荣荣金句

## 一

创始人的格局有多大，就能把企业带多远。

## 二

把自己当作一家公司来经营，做自己人生的 CEO。

## 三

持久稳定赚钱的公式：财富 ＝ 思维 × 产品 × 营销 × 客户。

## 四

想办法让自己变得足够好，财富自然会来找你。

## 五

别怕被拒绝，追寻成功的路上，被拒绝五次是很正常的事情。

## 六

当一群人看向一个人的时候，影响力就产生了。

## 七

在一个社群中，回答问题的人，比提问题的人更有影响力。

## 八

把我要如何成交你变成我要如何成就你。

## 九

在你看起来很厉害之前，至少要让别人觉得你很用心。

## 十

当你觉得自己什么都不擅长的时候，选择一个好产品，去做销售，销售，是离财富最近的路。

## 十一

财富需要有价值的生命来承载。没有丰盛的生命状态，承载不了丰盛的财富。

## 十二

当你充满信心地向着梦想努力前进，过上你向往的生活，就会取得意想不到的成功。

# 第六章
## 心理学创富篇

如何快速提高自己的赚钱能力

财富清如许，无善亦无恶。

它可以让卑鄙的人更卑鄙，

让高尚的人更高尚。

财富是好东西，但是生财有道。

以财入道，最重要的是，德财配位。

所有德不配位的钱你都无法赚到。

所有超出能力得到的钱都是资源掠夺。

大方地去赚你该赚的每一分钱。

不该你赚的钱一分钱都不要赚。

# 你为什么要创造财富

在我看来，生命本来就是为了获得美好生活而存在的。

很多女性朋友婚后成了"三围"女人，围着家庭、丈夫、孩子转，付出了很多，却并没有得到应有的家庭地位，更不用谈尊严和幸福了。

为什么会这样？其实很简单，因为她们缺乏足够的经济收入，没有为家庭创造足够的财富。说到本质，金钱就等于能量，而在家里乃至在社会上，你的地位是由经济基础决定的。

所以，当你感觉不幸福，在家里没有尊严，在丈夫、孩子、公婆面前不被尊重时，不要怨别人，回到自己身上来，便会有解决方案。

我想，除了健康，大部分女性遇到的问题，和金钱有关。

那怎么办？其实很简单，既然可能是财富引起的问题，那就想办法通过创富赚钱来解决。

当你有了足够的收入，甚至赚的钱超过了你的另一半时，你看看对方给你的脸色是不是会大有变化？你的公婆估计也会有变化。

虽然现实很残酷，但我很多学员都有类似的经历，在创业之前，只是普通宝妈，百分之百为家庭付出，但是付出并没有换来尊重、幸福、和睦，反而要看老公脸色，受婆婆的气，一度抑郁，有人甚至想过轻生。

幸运的是，她们后来遇到了顺道，开启了创业之路，成为能赚钱的新女性。赚到钱之后，家庭温馨，爱情甜蜜。

所以，我现在经常会跟我的学员说，你现在不幸福，90%以上的原因是赚钱太少，所以你需要做的就是，多赚钱，提高自己的社会地位和家庭地位，幸福自然会向你招手。就算依然不幸福，至少，自己可以把自己照顾得很好。

# 每个人都有创富的潜能

打开宝藏的钥匙，掌握在自己手里。

每一个平凡的人，都可以活出最高版本的自己。

我告诉我的学员，不要再问："老师，我能致富吗？"因为你能，这毋庸置疑！

每个人的体内，都潜伏着一股巨大的力量。只要你能发现并利用这股力量，你就能得到你想要的一切。

睁开你的眼睛，看到你内心无限的"宝藏"，你就会发现你周围有无限的财富。

爱因斯坦说，他的一生，仅仅使用了潜能的10%。从你内在的金矿里，可以获得你所需要的一切，让生活变得快乐和富有。美国学者詹姆斯研究发现："普通人只发展了他们隐藏能力的10%以内，与应该达到的相比，我们只利用了一小部分身心资源，甚至可以说，我们体内的很多创富潜能大部分时间都处于沉睡状态。"

可见，我们拥有巨大的潜力，你就是一块等待发光的金子，只是你的潜能需要被探索和被发现。一旦你的创富潜能被发现、激活，这种巨大的能量被点燃，会给你带来无限的信心和力量，你就可以快速拥有创造力。这也是心理学创富系统可以帮助大家探索天赋热爱、热情使命，通过内修思维、外修营销，实现财富倍增的根本所在。

# 科学创富的基本原则

## 创富需要学会思考

要想创富，得先学会思考，尤其是正面思考。

我们得思考财富的本质，如何合理合法地获得我们想要的财富。

此外，我们还得谨慎看待他人的眼光和建议。

很多人，经常会受到来自家人、亲朋好友的阻力。

遇到这种情况，你得开动脑筋，独立思考，明确自己的初心使命，辩证地看待建议，这会让你扫除很多烦恼。

## 创富要学会按"特定方式"思考做事

创富的特定方式，就是顺道而行。道是规律，道是利他。

财富是通过你为他人提供好产品、好服务而获得的。

你想多赚钱，短期靠营销，中期靠产品，长期靠人品。就得让他人认可你的产品、服务。满意你的产品、服务，愿意持续复购，甚至帮你转介绍客户。因为一个客户成交三次，比成交三个新客户容易得多。

## 创造性思维是创造财富的核心

财富来自创造力，当你能够为别人创造价值，你就可以创造财富。创造力来自抓取灵感，并且马上付诸行动。

所以，你要充分发挥你的创造性思维，为客户研发、生产更多富有创造性的产品、服务。当产品和服务超越期望值，口碑就产生了。

## 创富的必经之路就是营销

古人说，酒香不怕巷子深。现代信息太发达，酒香最怕巷子深。

要想把你的思想和产品传播给更多人，必须穿越营销卡点，勇敢地去销售。为你的营销和影响力不断地创造新的里程碑事件。

## 创富的轻松法则就是借势

俗话说，站在风口上，猪都能飞起来。一个人一生能够看见和抓住的机遇极其有限。当你能够遇见趋势，一定要勇敢地抓住并且前行，否则你不知道你会创造怎样的可能性。

## 创富的省力法则就是借力

这个世界上你想达成的目标有人已经达成了。

你只须找到他，借力他。

这个世界上你想要的资源有人已经拥有了。

你只须找到他，借力他。

借力，是创富的最省力法则。

# 财富密码

财富是一种能量，喜欢流动，并总是流向与其价值相匹配的人那里。

因为财富是一个人内在价值的外在体现形式。

你看有人中彩票或者拆迁一夜暴富，吃穿不愁，却在几年内赔光，再次进入贫穷状态。为什么会这样？

因为他们内外不和，当自我价值与财富不相匹配时，便无法掌控财富。

凭运气得来的财富，终究会凭实力亏掉。

## 如何才能长久获得并拥有财富？

当你开始考虑，我如何为我赚的每一分钱，给出超值价值？

我如何人为地让德财配位？

我如何能够持续地提升自我价值让自己更值钱？

我如何能够让财富经由我帮助更多人？

我如何通过创建三赢的局面获得财富？

财富便开始主动向你涌来。

修德修心，人为地让德财配位！

这样，你的财富会围绕在你身边，世代相传。

世事洞明皆金钱，人情练达即财富。

# 赚钱逻辑

高手有其特定的赚钱之道和赚钱逻辑。

## 不需要所有产品都赚钱

指望所有产品都赚钱很不现实，尤其是不要指望引流产品赚钱。

你只需要有几款利润产品和爆款产品，就能赚到钱。

## 不需要赚所有人的钱

没有人可以赚到所有人的钱。

你要赚的是认可你的产品和服务的目标人群的钱，还需要不断研发更新以满足他们的需求，只有让他们感受到超值服务，他们才会愿意持续复购，并乐意在他们的朋友圈、社交网络中给你转介绍。

## 不需要一开始就赚钱

这点的关键词是"坚持"，只有坚持，让更多人知道你的产品、服务优势，让他们感受到价值，并建立口碑，时机成熟之后，这些才会转化为财富。

## 你需要想方设法让靠近你的人赚钱

靠近你的人是信任你的人、认可你的人，是愿意为你贡献价值的人。只有想方设法让他们赚到足够的钱，才能为你种下好种子，他们会继续信任你，为你贡献价值，也会向身边的亲朋好友传播你的好，扩大你的影响力，帮你吸引更多人才过来。

## 赚人心比赚钱重要 100 倍

人心包括客户的心和团队伙伴的心。

赢得客户的心，是为了提升客户的黏性，使他们成为忠诚客户，持续购买、消费，甚至帮你转介绍。

赢得团队的心，是为了获得团队的忠心，提升团队的向心力，让他们持续为企业贡献价值，与企业共赢，吸引其他优秀人才加入。

天时地利人和，具备人和，赚钱就是水到渠成的事。

为什么你不赚钱？因为你恰好搞反了。

# 一对一成交秘籍

## 秘籍一：价值感影响成交

一对一成交什么时候开始？从别人认识你的那一刻起，别人对你的认知决定了你是否可以实现成交。

你在线下和社群里的价值表现，就决定了有多少人愿意主动和你链接。

线下，要提供价值，"我"是谁不重要，"我"能带给你什么才重要。

我举办线下瑜伽聚会，90% 的人成了我的会员，为什么？

因为我珍视群体，珍视圈子，珍视每一个人，尊重场域负责人；关键是，我能给别人提供价值。

线上，在社群里，赋能他人，尊重群主，引导或者主导话题的产生和讨论，带来新奇、有趣、有用的观点，提高影响力。重视自己在集体中的每一次亮相，因为你不知道这些会带给你什么样的可能。

## 秘籍二：寻找中心位

线下活动中如何展现自己？

如果你能量足，让别人成为中心位；如果你能量不足，你就要想办法站到中心位。

线上社群中，回答问题的人，比提出问题的人更有影响力，要成为那个回答问题的人。

## 秘籍三：找到对方的核心价值观

这个问题的关键在于成为提问高手，好问题带来好答案，烂问题带来烂答案，借助提问找到客户的核心价值观。

比如，你问"我很好奇你怎么这么优秀"，比你说"我特别想给你分享我的创业故事"，要有吸引力得多。

比如销售课程时问：你报这门课程的核心需求是什么？你为什么想要了解这门课程？你想在哪个方面提升？对客户说：我看看这门课程能不能帮助你。如果这门课程对你有帮助，我再给你介绍；如果对你没有帮助，我就不浪费你时间了。

找到对方的核心需求，才能实现精准沟通，快速成交。在我的课程中，有非常详细的一对一成交流程拆解，帮助很多人轻松实现业绩三倍以上增长。

## 秘籍四：与客户聊天要顺聊而不是逆聊

与客户聊天、沟通时，要顺着客户，而不是反对他、让对方不舒服。

比如，顺着他的需求、观点聊。

让对方舒服了，他才有可能购买你的产品。

这时候，情商高就显得尤为重要了。

## 秘籍五：去聊他关心的事，而不是你关心的事

找到客户关心的事，去聊对方关心的事，而不是你关心的事。

把我要如何成交你，改成我要如何帮助你。

这是人性使然。

## 秘籍六：真诚

私域成交没有套路，所有成交都是时间和真诚的积累。

# 你如何才能变得更值钱

你打造个人品牌的过程中，要经常问自己一个问题：我如何才能变得更值钱？

道理很简单，只有变得更值钱更贵，你同样的时间才能赚到更多钱。

那么，究竟如何才能变得更值钱？

## 你得被需要

你得有价值，被人需要。

比如很多人做社群，每天巴啦巴啦说一大堆掏心掏肺的话，并没有什么回应。

在你想要给出价值前，请你优先提问确认，对方是否需要？给对方他需要的价值，比给对方你想给的价值，重要太多了。

## 选对职业

选择大于努力。

你做事业时，首先得选对努力的方向，这比单纯努力更重要。

比如，一家培训机构，通常讲师更值钱。为什么？因为他给培训机构带来的价值更大。所以，如果你在培训机构上班，你要优先考虑讲师这份职业，接下来就是如何逼近这个目标。

## 成为专家

如果你想学习 PPT，你会去找秋叶大叔；

如果你想听视频讲书，你会去找樊登老师；

如果你想学习心理学创富，你会找佘荣荣；

……

为什么你在有相关需求时，会首先想到这些人？因为他们是该领域的专家。

数字化时代，职业会越来越细分。这导致多面手的优势越发不明显，而那些在某个领域深耕，拥有更专业技能的专家反而变得更吃香更值钱。

因此，如果你想让你的个人品牌变得更值钱，要持续在某个领域精耕细作，成为该领域的专家。

那么，如何打造你的专家身份呢？

持续输出你所在领域的优质内容；

分享你的成功案例；

出版一本该领域的书，最好是畅销书；

打造你的高质量付费社群；

为自己设计一个超高价产品，筛选高客单客户。

## 提升影响力

通过卖产品提升个人影响力，而不是通过做广告提升个人影响力。

通过里程碑事件不断叠加个人影响力。

# 内在财富才是永恒的财富

外在财富不过是过眼云烟，内在财富才是永恒的财富。

很多人拥有财富之后，过得并不幸福，渐渐迷失了方向，不知道每天该做点什么，也不清楚活着的意义。

为什么？因为这些人通过自己的努力奋斗积累了财富，或者靠运气获得了一定的财富，却没有积累足够的人生智慧，也没有修炼内心。就是说他们有的只是外在财富，内在财富很匮乏，所以导致有钱之后仍然会有惑，会感到迷茫，甚至不幸福。

哪些算内在财富？你的领导力、心力心法、人生智慧，都算内在财富。

对我来说，在创富的同时，找到自己人生的初心使命，愿意为之奋斗终生的事业、梦想，这些是我这辈子最重要、最核心的内在财富。

一个人，如果没能找到自己的天命、使命，再有钱，都不能算成功，人生也不算完整。有了天命、使命，你会发现，赚钱只是顺道的事。

　　比如我的初心使命是让我的学员、团队伙伴跟着我学习、跟着顺道创富系统，在创富的同时，找到自己的天命，获得人生智慧，收获幸福人生。有时候，看到学员、团队跟着我学习一段时间之后，解惑释疑，赚了钱，改变了人生，比我自己赚钱还要开心、幸福。这就是内在财富的价值。

# 创富的关键是复利

## 究竟什么是复利？

传说有一位古印度人叫施宾达，他下象棋赢了酷爱下象棋的国王，国王非常高兴，就问他想要什么奖励。施宾达说："陛下，我不要您的金银珠宝，您只要在我的棋盘上放一些麦子作为奖励就可以了。"

国王心想，这很简单呀。

施宾达继续说："第一格放 1 粒麦子，第二格放 2 粒，第三格放 4 粒，第四格放 16 粒……以此类推，后面一格是前一格麦子数量的 2 次方，然后一直这样放满 64 个格子就行。"

国王一听，被施宾达的请求逗乐了，说："这有何难？"就爽快地答应了。

然而，国王到后面却傻了眼。在棋盘上放麦粒的时候，刚开始并不多，可是随着不断翻倍增加，他这才发现如果按这个增长趋势，即使把全国的麦子都搬过来，那也不够啊！

到底有多少呢？当放满 64 个棋格后，总麦粒数等于 2 的 64 次方减 1，换算成重量的话就是 5500 多亿吨，相当于当时全印度小麦产量的好几万倍！

这就是复利效应，又称雪球效应。是不是很神奇？

复利效应的本质是什么？

结合下面这些书籍的解释，你会更容易理解。

《纳瓦尔宝典》："假设每年从 1 美元中获得 10% 的收益，那么第一年可以赚 10%，最后得到 1.10 美元，第二年得到 1.21 美元……最终得到的不是本金的 10 倍或 20 倍，而是数千倍。"

《穷查理宝典》："别忘了金钱拥有强大的繁殖能力，钱能生钱子，而钱子能生更多的钱孙。"

《好好学习》："复利效应可以导致幂律分布。这种 A 导致 B，B 又会作用于 A 的运作方式，就是我们平常说的'利滚利'，用图像展示便是一条经过一段时间后陡然上升的曲线。"

简言之，复利其实就是，当你做了事情 A，就会导致结果 B，而结果 B 又会加强 A，如此不断循环，循环次数越多，A 就越强大。

这导致的结果是，你创富的天花板会很高，回报有无限空间。

这对我们这些普通人有什么启发呢？

## 启发一：重视复利效应

只有重视复利效应，你才会主动加深对它的理解，并付出行动。去做那些每成事一次就会倍增你的影响力的事情。

## 启发二：找准赛道

要想借力复利效应，你得多做那些能产生复利效应的事情。

做哪些事能产生复利效应？

凡可积累，皆有复利。

财富可以复利，成长可以复利，知识和个人品牌也可以复利。

**你要做的是，选择一个有长期发展前景的行业，找到可以长期合作的人。**

## 启发三：坚持长期主义

要实现复利效应，实现量变到质变，需要时间，需要坚持和耐心，这离不开长期主义。

## 启发四：将产品体系化

一个客户成交三次，比成交三个新客户容易得多。

# 财富无处不在

财富是无穷尽的。

很多人觉得创富很难，积累财富很累，为什么？

内心匮乏，思想消极，是无法为财富赋能的。

事实上，世界上的财富是无限的。

**每个人的身边都充满着创富机会。**

很多人会抱怨，自己之所以不富有，是因为原生家庭不好，是因为自身条件不好，是因为现有家庭不好。

是这样吗？

上述因素，在你创富的路上可能确实或多或少起了一定的作用，但这不是你"躺平"摆烂、不再努力的理由。

你完全可以向身边很多条件不如你，但却通过学习发家致富的人学习。这也是一条很积极、很能助力你走出困境的路。

当你不再怨天尤人之后，你会发现，你身边充满了创富机会。你发家致富的机会不是少了，而是变多了，创富变得更便利了。

**创富机会倾向于顺道而行、顺势而为的人。**

如何才能获得财富，或者让财富主动靠近你？

做一个顺道而行、顺势而为的人，因为创富机会更青睐这些人。

我有很多学员，正是意识到数字时代学习很重要，跟着一个好老师学习创富更重要，所以顺势而为，加入我们顺道教育学习，少走了很多弯路，取得了优异成就。

学员小 A 说："收到了第一笔咨询费用 1000 元 / 小时，转行做咨询只用了一年的时间，因为遇见顺道，我少走了很多弯路，有佘荣荣导师教的一箩筐的心理技术，底气十足，满心欢喜地做咨询！"

学员小 C 说："每次听一遍荣姐的课程都会有新收获，真的太干货了，帮我彻底改变了财富的限制性信念，今年我已经启动了自己的教育公司，收入翻了 5 倍！"

**财富无处不在，关键是你要善于发现机会，跟对人做对事。**

减少负面情绪，擦亮眼睛，积极地去找寻创富机遇，你会发现，大量财富正在等着你。

# 财富升级的五大秘籍

## 看透金钱本质

金钱本质上是一种能量。

尽量让你花的每一分钱，都充满爱和祝福。

尽量让你赚的每一分钱，都带着爱和慈悲。

你尽管活出自己，赋能他人，丰盛就在来的路上。

金钱能量，自然流向你。

## 敢比会更重要

勇敢的人，即使不会，依然迎难而上，因为他想会。

胆小的人，即使会，也会选择放弃，因为他不敢想，更不敢做。

渐渐地，不会但勇敢的人，要么掌握了这项技能，要么找到了互补者，最终实现了梦想。

慢慢地，有潜力但胆小的人，错过了成为成功者的机会，最终成了一个平庸之人。

这个世界是属于勇敢者的。

敢做梦、敢行动的你会闪闪发光。

## 弱者总找借口，强者注重结果

弱者畏难情绪很重，爱找借口，他的字典里堆满了不可能。

强者不畏艰难险阻，注重结果，他的字典里刻满了一切皆有可能。

最终，弱者在岁月蹉跎中越来越平庸，离财富越来越远。

强者在光辉岁月中积累了大量荣誉和成就，财富滚滚而来。

## 创造价值

你的价值不取决于你创造了多少，而取决于你为别人创造了多少。

我好，你好，世界好。为事情找到三赢的方案，重点是为他人创造更多价值。

如此，财富就会被你吸引而来。

## 做大事不比做小事难多少

在大部分人的印象中，做大事很难，所以他们选择了做小事。

这其实是个错觉。事实上，以一生来衡量，做大事和做小事花费的成本是类似的。

选择做大事的人，前期上坡时很难，但跑着跑着越来越轻松，人生变得更容易。

选择做小事的人，前期比较轻松，但走着走着，要么原地踏步，要么开始走下坡路了。

做大事的人，立下了一个宏伟目标，经过一番努力之后，获得了巨大财富和成就。

做小事的人，选择了一个小目标，无须太多努力，自然也没有高回报。

原来，生命中的财富，早就暗中标好了筹码，只有相匹配的志向和努力，方能获得相匹配的财富。

人生就是一场心想事成、富而喜悦的旅行。

选择做更大的事情吧，因为一生漫长而短暂，不能浪费。

# 佘荣荣金句

## 一

营销就是魔术，有人给你拆解就会很简单。作为营销导师，如果你把复杂交给自己，把简单留给别人，你就会越来越厉害。

## 二

你的价值不是取决于你创造了多少价值，而是取决于你为别人创造了多少价值。

## 三

有能力又利他的导师，本身就是稀缺资源。

## 四

把商业变成善业，你的商业会越做越大。

## 五

创富机会倾向于顺道而行、顺势而为的人。

## 六

钱，要么来得轻松，要么来得痛苦，这都是你潜意识的选择。

## 七

你对自己委屈，钱就对你委屈。你对自己好，钱就对你好。

## 八

财富比你多的人，限制一定比你少。

## 九

说到其本质，金钱就等于能量。

## 十

你尽管活出自己，财富就在来的路上。

## 十一

获得财富的一个途径，就是为社会提供其有需求但无从获得的东西，并实现规模化。

## 十二

选择优质圈子，圈子是改变一个人最有效的方式。创富尤其如此。

# 推荐语

"内修思维，外修营销"，智慧与实践相结合。跟随荣姐学习如何与财富成为朋友，你将获得开启富而喜悦人生的钥匙！

——闫莉 剪刀石子布创始人

我们从来不缺少成长和突破的勇气，缺少的是唤醒勇气的方法，从中度抑郁患者到心理学创富导师，顺道给我带来命运的转折和遇到更好自己的有效路径。

——陈楠 心灵之声创始人

财富是个体认知的变现，我们获得的每一笔财富，都源自对世界的准确认知。感谢佘荣荣成为我财富之路上提升认知的恩师。

——罗娟 艾罗关系美学创始人

一个人的内在信念，决定了他的外在显现。很显然，佘荣荣导师的《和财富做朋友》，是一个非常棒的信念，你值得拥有。

——曼莉 慢有引力创始人

佘荣荣导师的课程，让我明晰自己的优势，在技法和布局上，给我一个轻松实现财富倍增的地图，让我直接顺利地引爆财富势能，收获财富倍增。

——徐晓燕 戴安盟建材创始人

佘荣荣导师的心理学创富系统，帮助我建立自己的商学院和课程体系，帮助我实现了30年的事业梦想，一年内财富增长10倍，团队实现100倍增长。

——尹苗森 乐智谦教育创始人

这是一本财富智慧的宝典，教你轻松掌握财富运行的秘密法则，本书就是你打开财富之门的金钥匙，让财富成为你最亲密的朋友。

——费碧霞 天使之约创始人

财富的匮乏是有原因的，财富的丰盛是有方法的，"金钱关系咨询师"课程打通我财富关系的任督二脉，为我开启了一条全新的道路。

——李金玲 慧倍文化创始人

遇见佘荣荣导师，我实现了一年顶十年的人生逆袭！句句有惊喜，每一节课都是精华，彻底颠覆我对财富领域的认知！给我富人的思维和开启个人品牌的勇气。

——张晓星 一梵文化创始人

从事心理咨询工作十几年，见到太多因不懂营销，怀揣专业却无法实现助人自助使命的心理人。教咨询师做营销——佘荣荣导师像一盏灯点亮我和众多心理人的飞速成长之路。

　　　　　　　　　　　——赵玮玮　水木星空心理创始人

遇见佘荣荣导师是我人生的转折，从负到富，我实现了和财富做朋友，形影不离！拿回欠款，实现盈利，夫妻关系和睦，我的宠物医院扩大了三倍，服务升级，生意兴隆！

　　　　　　　　　　　——李桂红　宠爱康动物诊所创始人

是佘荣荣导师给了曾经学习8年心理学和家庭教育、热爱心理学的我，持续走下去的笃定和方法！快速找到自己的知识付费变现之路，将技能变成为现金，丰盈我的热爱与口袋！

　　　　　　　　　　　——吴宁艳　园丁心理创始人

佘荣荣导师给予我们的不仅仅是系统的理念，还有思维方式、落地方法和实操工具，她的思想对于渴望成长的人们，有很高的借鉴价值。

　　　　　　　　　　　——刘鸣月　MCN签约作者

在移动互联的时代，佘荣荣导师的课程帮助我突破固有思维，放大自身优势，完成自我梳理，拥有金钱能量，提升自我价值，开拓人生的全新赛道。

——王若冰　影之杰摄影创始人

遇见佘荣荣导师就是开启一场生命的洗礼，影响我突破了人生诸多卡点，让我拿回本自具足的力量，获得财富和幸福，从而活成爱，成为爱，分享爱！

——胡少敏　如意灸创始人

感恩佘荣荣导师像魔法师一样替我装上了有钱人的脑袋。我相信，你与丰盛富足之间，仅隔着一个顺道，推荐你《和财富做朋友》。

——张力　曼达教育创始人

此生最美好的事情就是遇见恩师佘荣荣，从此开启导师型人生。做了十四年教育的我，增加了心理学板块，助力千万青少年，从少年开始，开启富而喜悦的美好生活！

——沈秀丽　青少年动力赋能导师

十步芳草，丰盛博爱；万物生灵，和谐共荣。遇见恩师佘荣荣这一年，她带领我穿越恐惧不安，将热爱变成荣光，和财富成为朋友。此书定能帮助更多的人。

——周剑喜　心性自在创始人

如果你觉得赚钱难，或者赚了钱总是留不住，那你一定要和佘荣荣老师一起学习，你会学到宝贵且实用的财富指南，打通任督二脉，和财富做朋友。

——颜端仪（菁羚） 台湾畅销书作家

和佘荣荣导师学习的一年里，我跨越了人生一个又一个障碍，家庭关系升级，生命得以拓展，用心理学赋能我的品牌设计，财富上，从年收入为 0 的宝妈，实现了 4 个月收入 16 万元。

——尹会容 诚心品牌创始人

求知的路上，遇见顺道的课程，让我醍醐灌顶，认识到如何真正地修身齐家。感恩佘荣荣导师，带领我探索财富之路，打通各个财富管道，遇见更高版本的自己。

——杨小娜 鉴创检测认证联合创始人

我更愿意和大家一起称呼佘荣荣为知识付费行业的破局者，因为她打破了个人品牌变现难的魔咒，她激发每个人的热情和愿景，给予真实有效的道具和方法，帮助我们连接更多的资源，实现个人成长和财富倍增的目标。

——王艳湘 睿妈健康管理咨询创始人

和佘荣荣导师因金钱关系课程而结缘一辈子的师生关系，老师的言行意合、无我利他对我影响至深。衷心希望您把这本书送给最爱的人！

——刘美超　大童鼎安咨询创始人

通过一年时间同荣姐学习，我的收入增长了十多倍。本书汇集了佘荣荣导师十余年的创业经验，必将成为你通往财富之路的葵花宝典。

——冯希　天赋热情创富导师

佘荣荣导师的课程改变了我的人生，让我找到了人生使命，提升了各方面关系，实现了财富倍增，这是进可以开启个人品牌，退可以深度疗愈自己的人生必修课。

——申桂秀　紫珺心理创始人

每一个渴望成事的个人品牌创始人，都应该来学习佘荣荣的课程，不仅是理念的传播，还有具有国际视野的新理念、新方法、新工具！

——陈西霞

智慧、大爱的佘荣荣导师核心的一句话——不和别人比优秀，只和自己比成长！将早已失去觉知力，如温水青蛙的我彻底唤醒！活出了自己梦想的样子，感恩导师！真诚推荐她的书！

——牛萃芳

感恩遇到佘荣荣导师，让我一个全职宝妈，大变活人，现被称为"宝妈创业蜕变第一人"！也希望看到本书的你，轻松实现财富倍增，变得更好、更贵、更值钱！

——蒋燕香　潜意识文案创富系统创始人

佘荣荣导师的课程帮助我突破固有的负面思维模式，拥有受益终身的正向思维，提升心力，加上行之有效的营销方法，未来可期，感恩生命中遇到德才兼备的好老师。

——符小蕊

从野蛮生长，到系统落地的咨询，成为心理学创富导师，跟着佘荣荣导师，轻松蜕变！强烈推荐这套会让人热泪盈眶、充满力量又非常落地的生命课程和书籍！

——尔舍莫　幸福奢嗨教育创始人

我喜欢佘荣荣导师的课程，因为简单、直接，可以落地实操、直接解决问题，可以快速变现，不仅是底层逻辑的直接表达，还包含可以借鉴的成长路径。

——单涓　深圳单单文化创始人

# 特别鸣谢

## 本书特聘营销专家

闫　莉　　陈　楠　　罗　娟　　曼　莉　　徐晓燕

尹苗淼　　费碧霞　　李金玲　　张晓星　　赵玮玮

李桂红　　吴宁艳　　刘鸣月　　王若冰　　胡少敏

张　力　　沈秀丽　　周剑喜　　颜端仪　　尹会容

杨小娜　　王艳湘　　刘美超　　冯　希　　申桂秀

陈西霞　　芳　草　　蒋燕香　　符小蕊　　尔舍莫

单　涓　　苏　艺

## 本书特聘金牌领读官

夏晓涵　　赵婉岐　　曹柳燕　　许　婕　　刘红娟

杨　鹭　　张　密　　姜静娜　　王　燕　　陈　平

王志双　　杨翠萍　　鲍圆圆　　杜明宇

# 后　记

## 持续精进，带你轻松富足

《纳瓦尔宝典》的作者埃里克·乔根森曾说：

"假如有一天，我创业失败，身无分文，我相信自己会在5年或10年内重新变得富有，因为我已经掌握了'赚钱'这门技巧，而这门技巧人人都能学会。

赚钱跟工作的努力程度没有必然联系。即使每周在餐厅拼命工作80小时，也不可能发财。

要想获得财富，你就必须知道做什么、和谁一起做、什么时候做。

与埋头苦干相比，更重要的是理解和思考。

当然，努力非常重要，不能吝啬自己的努力，但必须选择正确的方式。

赚钱不是一件想做就能做的事情，而是一门需要学习的技能。"

我想说的是，赚钱没有想象中那么难，是可以习得的。弄清楚财富创造的原理，顺道而行，和财富做朋友，你将获得更多财富。

金钱是流动的力量，你帮助多少人，你就能承接多大财富。

这也是我创办顺道心理学创富系统和顺道教育的初衷，我想点燃更多人的梦想，帮助更多人创富、实现人生价值，让他们的人生多姿多彩。

真正让你醍醐灌顶的，不是高人的话，而是你的经历。高人的话，是点燃导火线的那根火柴罢了。

所以，我经常会鼓励我的学员多去经历、多去体验，这也是一笔宝贵的财富，它有时候比物质财富更珍贵。很多物质财富正是在你经历精彩人生、做自己喜欢做的事、与自己喜欢的人携手相伴一起奋斗的过程中产生的。

领袖就是点灯的人，点亮他人的梦想、生命力，你就成了伟大的引领者、领导者。

星星之火，可以燎原。以一灯传诸灯，终至万灯皆明。

普通人等着被人点亮，高手点亮他人。成为一名点灯人，你迟早是高手。

顺道学员小 F 在顺道教育学习、成长之后，分享了她的感受：

"我们心中的很多木马程序来源于我们的父母，比如，我爸妈经常跟我说赚钱好难，我家没钱，辛苦劳动才能有钱，男人有钱就变坏……

在学习之前，我也觉得赚钱很难，做个人品牌却不敢收钱，做课程却不敢卖课，我认为总是要很辛苦很累地赚钱才心安理得，我也不相信我可以创造更多财富。但是，学习完课程后，之前对父母的不理解和埋怨消失了，我深深地感恩父母，来到顺道，遇见佘荣荣导师，我感到特别幸运。

佘荣荣导师是我见过的导师里有智慧且言行合一的一位，

她的课程里干货很多，有细颗粒的技术拿来就能用，用了就有效果。跟着佘荣荣的节奏，我对人性有了更多理解，我对金钱的限制性信念改变了很多，我找到了真我，我做了很多自己不敢想象的事情。高维智慧的引领让我看到更多的可能性，让我收获满满！2023年收入翻了5倍。"

　　这样的学员在顺道还有很多……感谢我的学员、团队，感谢你们学以致用，让更多人看到普通人成事的路径，给大家带来了希望，点燃了众人的梦想。感谢你们对我的信任和支持！

　　期待新朋友来到顺道教育，我会帮助你，变得更好、更贵、更值钱，收获财富之余开启更精彩的人生。

　　财富是好东西，但是生财有道。

　　以财入道，最重要的是，德财配位。大方地去赚你该赚的每一分钱，不该赚的钱一分都不要赚。

　　你慢慢会发现，财富来得轻松而持久。

　　期待与你有缘相遇！

凡事发生，皆为成就

要么助你，要么渡你